让青春不迷茫的人生法则

这一路，我们走得很辛苦

小来◎编著

中国纺织出版社有限公司

内 容 提 要

人生因未知而充满希望，也因未知而陷入迷茫。生命的过程总是会经历痛苦与磨难，彷徨与不安，付出与努力，等待与煎熬……究竟未来的路会怎样，期待的结果又如何呢？

本书用清新的文字讲述了诸多温暖的故事，用直抵灵魂的话语给出最实用的人生忠告，关于目标与理想，关于梦想与坚持，关于职场与社交……本书将帮助你走出迷茫状态，看到希望的曙光。

图书在版编目（CIP）数据

让青春不迷茫的人生法则：这一路，我们走得很辛苦 / 小来编著. --北京：中国纺织出版社有限公司，2022.4

ISBN 978-7-5180-8907-9

Ⅰ. ①让… Ⅱ. ①小… Ⅲ. ①成功心理—通俗读物 Ⅳ. ①B848.4-49

中国版本图书馆CIP数据核字（2021）第190764号

责任编辑：赵晓红　　责任校对：高　涵　　责任印制：储志伟

中国纺织出版社有限公司出版发行

地址：北京市朝阳区百子湾东里A407号楼　邮政编码：100124

销售电话：010—67004422　传真：010—87155801

http://www.c-textilep.com

中国纺织出版社天猫旗舰店

官方微博http://weibo.com/2119887771

三河市延风印装有限公司印刷　各地新华书店经销

2022年4月第1版第1次印刷

开本：880×1230　1/32　印张：6

字数：188千字　定价：39.80元

前 言

人生，从婴儿呱呱坠地的那一刻开始，就是一张白纸。面对这张白纸，人们将会如何描绘生活的宏伟蓝图呢？有的人喜欢涂鸦，漫不经心地把人生画得乱七八糟，还说自己是抽象派；有的人非常小心，画错了，涂涂改改，想要纠正，殊不知人生的道路上没有橡皮擦，一切都将会成为历史，不会恢复到空白状态；有的人下笔之前谨慎小心，思量再三才慢慢地落笔，缓缓地运笔，不知不觉中错过了很多色彩；有的人喜欢浓墨重彩，把所有的颜料一股脑地泼上去，丝毫不管呈现的是怎样的画面……人生，就是一幅画，每个人都是自己人生的画家，每幅画都有其与众不同的格调与风采。

每个画家都希望自己的画是最完美的，因为每个人都渴望成功而又完美的人生。对于成功的渴望是与生俱来的，这一点永远无法改变。那么，我们应该怎样去做才能获得成功呢？你对成功的定义是什么，这在很大程度上影响了你获得成功的方式和途径。在这个世界上，没有任何人能够随随便便成功。古人云，宝剑锋从磨砺出，梅花香自苦寒来。要想获得成功，我们必须饱尝艰辛，拥有顽强的毅力，不仅要找到正确的方向，而且还要能够毫不退缩地坚持走下去。也许有人会说，成功离我们太遥远了。你为什么不想想，你拥有属于自己的人生。何谓成功的人生？成功的人生不是获得所有人的赞赏，而是让自己感到满意。如果你是一个重感情的人，也许一生只谈一次轰轰烈烈的恋爱，你就可以回味一生了；如果你是一个重权势的人，那么你必须处心积虑地在仕途上努力奋斗，才有可能身居高位；如果你觉得成功就是实现财务自由，那么你要想方设法地创造财富……你有一个明确的目标，你为之不懈努力，并且最终获得自己想要的生活，这就是成功。不要仰慕那些已经成功的人，因为你无法想象他们获得成功之前的卑微。想想你现在的卑微，也许正是无数成功者的遭际。

幸福的人拥抱生活，坦然面对生活赐予的酸甜苦辣；不幸的人抱怨生活，即使生活厚待他，也依然怨声载道。面对生活，我们应该怀有宽容淡泊的心态。生活不是竞赛场，没有必要非得争个你死我活。现代社会，每个人在生活中和职场上，都承受了很大的压力，也承担了很多的责任。时代进入高速发展、日新月异的阶段，我们也要努力调整自身的节奏，和时代一起奔跑。对于很多年轻人来说，不管是在职场上打拼，还是自主创业，都应该脚踏实地，一步一个脚印。只有坦然面对失败，接受挫折，才能不断积累经验，使自己的人生更上一层楼。我们要永远记住，失败，是成功的阶梯。

时代在呼唤我们，每个人都张开翅膀，展翅翱翔吧！

编著者

2021年8月

| 目　录 |

第1章

每个成功的人，都有一个简单的开始

成功，看起来光鲜亮丽，高大无比，但实际上，每一次成功，都由最小的事开始。那些高高在上的成功人士，并非生来就是成功的，不管他们位居多么高的官位，也不管他们拥有多少财富，更不管他们在学术上、艺术上做出了多么伟大的贡献，在成功之前，他们同样是普通人，过着最普通的生活。因此，即使我们现在还很平凡，还默默无闻，也无需气馁，因为成功，也许就在我们的心念之间，就在我们一次次努力的尝试之中，就在我们的无数次坚持之后。成功，你也行！

任何成功，都是从简单开始

对于大多数人来说，在仰望成功的时候，一定是怀着无限的尊重。因为在普通人心里，成功是那么遥远，那么耀眼，那么求之而不得。实际上，成功真的很复杂。很多人都会说，成功就是拥有数不尽的财富，拥有至高无上的地位；或者在人类历史的长河中，留下自己璀璨的名字和学术或者艺术上的成果；或者拥有突出的品质以及在战争中的卓越表现，总之，成功一定要是惊天地，泣鬼神的。殊不知，成功也可以很平凡。例如，一个年近八十的老太太，为了能够减轻家人的负担，也为了实现自己的人生价值，坚持捡破烂，在养活自己之余，还资助了很多生活贫困的大学生。再如，一个山村邮递员，数十年如一日地在崇山峻岭间为村民们送报纸，传递信息。还有一个乡村女教师，十几年来始终坚守三尺讲台，为村里的孩子讲授知识。这样的坚持，也是成功。由此可见，成功未必都是璀璨夺目的，成功也可能是平凡的。

其实，不管成功是大是小，不管成功是伟大还是平凡，不管成功是尽人皆知还是独自坚守，都一样值得我们敬佩，都一样始于简单。

比尔·盖茨是全世界赫赫有名的大富豪，他创造了无数个财富神话。

少年时代，盖茨就勤于思考，勤奋好学。他曾在西雅图湖边的湖滨中学读书。湖滨中学是一所私立学校，学术氛围很浓厚。1968年，湖滨中学决定租用附近通用电气公司计算机的电传打字终端机，以便让学生们尽早接触现代化计算机科技。对于盖茨而言，这简直是一个天大的好消息。从此之后，他和好朋友艾伦就迷上了计算机。为了有更多的时间接触计算机，他们主动要求帮几个华盛顿大学毕业生创办的计算机中心里的计算机找“臭虫”，也就是计算机程序中的错误。当然，他们唯一的要求是：在计算机中心晚上6点钟下班后，允许他和艾伦使用计算机。就这样，每当夜幕降临，计算机中心里都彻夜亮着灯。盖茨、艾伦和其他几个同学全部沉迷于这些电传打字终端机，在程序字符的海洋里自由游弋，就像鱼儿回到了海洋。

就这样，随着计算机程序里的“臭虫”越来越少，直至绝迹，盖茨和艾伦对于计算机的研究也日渐精深，就是这样一个简单的行为，为盖茨以后成为全球富豪奠定了坚实的基础。

华罗庚是我国伟大的数学家。他出生于江苏省一个县城，从小就很爱动脑筋。有些事情，别人看过就忘记了，但是他却很爱琢磨。有一次，他和小朋友一起去郊外游玩，发现了一些石头雕刻的人和马。他沉思片刻，问和他一起去的哥哥：“这些石人、石马这么大，到底有多重呢？”哥哥说：“哦，这个，这个……怎么可能知道呢？”华罗庚依然沉思，过了很久说：“想知道，肯定能找到办法。”

上完初中后，华罗庚辍学了。他却从未放弃学习，坚持利用帮父亲干农活的闲暇时间读书、学习。没过多久，他身患重病，并且导致左腿残疾。对于19岁的他来说，这个打击太沉重了，他几乎陷入了绝望。然而，他想到了失去双腿身残志坚的孙膑，决定向孙膑学习。就这样，华罗庚奋起抗争，抵抗命运的无情捉弄。白天，他拖着残疾的左腿，帮家里干活，晚上，在昏暗的煤油灯下顽强学习。几年后，《科学》杂志刊登了他的一篇论文。读到这篇论文后，清华大学数学系主任熊庆来教授发现了才华横溢的华罗庚。后来，华罗庚被清华大学聘请，成为助理员。进入清华园后，华罗庚一边工作，一边如饥似渴地学习，最终成了举世闻名的数学家。

成功，不管什么时候，不管对谁而言，都是从最简单的小事做起的。就像盖茨，华罗庚，就像很多很多声名显赫的伟人。甚至包括爱情，都先有最平淡的开始，才有轰轰烈烈的结束。

平凡如你我，永远不要觉得自己距离成功很远。一则成功的定义不同，二则不管什么样的成功，都有最简单的开始，最纯粹的坚持，最坚强的毅力。成功不是天上掉下来的馅饼，更不可能是一蹴而就的。要想成功，就从此刻开始，从小事开始，从不放弃开始。你，准备好迎接成功的到来了吗？

与其抱怨生活，不如改变自己

生活中，我们的耳边常常充斥着抱怨。这些愤愤不平的抱怨，甚至淹没了偶尔的感恩之声。渐渐地，原本崭露头角的感恩之心，也变得日渐暴戾，充满愤恨。其实，对于任何人来说，抱怨对我们的生活是没有任何帮助的。人，是一种容易被暗示的物种。如果我们用截然相反的两种态度对待每天的自己，你就会发现抱怨与感恩对于你的影响有多么不同。假设一：每天清晨起床，你对着镜子里的人微笑，告诉自己，今天是美好的一天，我遇到的每个人都是美好的人，我所做的每件事都是美好的事。那么，你会怀着愉悦的心情走出家门，你会发现这一天过得的确非常美好。假设二：每天清晨起床，你对着镜子里的人愁眉苦脸，你告诉自己，今天是倒霉的一天，我还没睡醒就要起来挤地铁上班，也许还会闻到有人在地铁里吃韭菜馅的馅饼，我遇到的都是倒霉的事，邪恶的、居心叵测的人，我怎么样才能熬到晚上睡觉的时候呢？在这两个假设中，你会发现自己生活的心情完全是两个极端。如果，你每天都在重复第二种假设，那么很快你会觉得活着就是一种折磨，是一种毫无意义的坚持，是一种向死而生的重复。反之，如果你每天都用第一种假设安排自己的生活，你会发现，越来越多的人回报你微笑，越来越多的人对你表现友善，你常常有额外的收获，让自己感动满满。自此，你的生活进入良性循环，即使偶尔吃点儿小亏，也觉得自己很幸福，不值得为小事斤斤计较。这就是改变。

这些改变，不是因为别人震慑于你的威力，所以改变了自己对待你的行为，而是因为你改变了自己的心，所以你觉得一切都美好了。你更加宽容地对待其他人，别人也回报你友善。其实，没有人能主宰一切。世界上的芸芸众生，都有着自己生长和发展的规律。别说是复杂的人，就算是你养的小猫小狗，你种的黄瓜茄子，也不可能完全按照你的意愿行事。既然抱怨改变不了任何事情，我们为什么还要这么做呢？与其花费宝贵的时间去找人诉苦，不如用这些时间去郊外走走看看，放松心情，陶冶情操，也许会有出其不意的收获。

在认识亚楠之前，杜鹃总是一肚子怨气。她简直不知道自己为什么活着，因为她活着的意义似乎就是不停地抱怨。抱怨妈妈没有给她好的容貌；抱怨爸爸没有遗传给她高智商；抱怨弟弟夺走了原本全都属于她的爱；抱怨老板不是伯乐，不认识她这匹千里马；甚至抱怨刚刚认识几天的男朋友，和她没有默契。就这样，杜鹃几乎每时每刻都在抱怨，连做梦都常常眉头紧皱，不知道世界到底给了她多少苦痛。

心理咨询师亚楠来到公司后，杜鹃第一个就去找她抱怨。因为身边的同事朋友都完全厌倦了她如同祥林嫂般的喋喋不休，只要一听她说“如果……”大家就都躲得无影无踪了。亚楠听了杜鹃的种种抱怨之后，笑了。她问杜鹃：“你看看，你虽然长得没有范冰冰漂亮，但是你的身材高挑匀称，一点儿也不比她差啊。而且，你还考上了南京大学，虽然不如北大、清华好，但也是响当当的大学，遗传基因一点儿都不赖呢。再说说你弟弟，你是多么幸运啊，居然有个弟弟。你知道吗，当我妈妈生病住院的时候，我一个人在医院伺候了一个多月，当时我是多么渴望有一个弟弟啊，至少有个人能和我轮班，让我有时间回家洗洗澡，换件衣服。至于老板，有几个员工能得到老板的认可呢，老板都是要看业绩的。你看看，你刚刚来公司一年多，就当上了小组长，这说明你的顶头上司闫经理还是非常认可你的。再继续这样表现良好，老板很快就会知道你是匹千里马啦！”听了亚楠的话，杜鹃沉思片刻，说：“其实，你说的这些话我都知道，不过听你这么一说，我心里觉得舒服点儿了。但是，你不知道，我找的这个男朋友真是够呛，昨天情人节，他居然连束花都没有送给我。”亚楠笑着说：“你觉得，什么样的人感情容易长久？”杜鹃疑惑地看着亚楠，亚楠说：“曾经有个男人，对我甜言蜜语，甚至每个星期都送我一束花。渐渐地，我被他感动了，接受了他的求婚。然而，当得知我妈妈患了癌症，他一夜之间就人间蒸发了，连手机号都换了。我觉得，男人木讷老实一点儿没错，只要经过相处，你觉得他有担当，就是好男人。”杜鹃想了想，说：“还真是的，虽然他没有送我鲜花，但是下雨的时候他给我送过伞……”在亚楠的开导下，杜鹃紧锁的眉头渐渐舒展开来，她变得越来越快乐了。

在这个世界上，人生而平等，没有谁欠谁的，也没有谁必须包容理解谁。除了父母，能够给我们最大限度的包容理解之外，我们只能自己去平衡自己的内心。甚至当我们长大成人后，不管是从肉体还是从精神层面都独立于父母，即使和父母之间，也需要我们去用心经营。

人们常说婚姻需要经营，其实，人世间的每一段相识相遇的缘分，都需要我们用心去经营。记住，你微笑，别人会回报以微笑，你哭泣，别人会回报以哭泣。想要得到什么，你就要付出什么。我想，你一定不愿意得到别人的抱怨！

常立志，不如立长志

我们常常说，人生是需要目标的。确实，大凡成功人士，都需要一个明确的目标，而且他们还会坚定不移地朝着目标奋斗拼搏，永不放弃。在现实生活中，也有很多这样的人，他们经常读伟人传记，向伟人学习，树立远大的理想，并且在很短的一段时间内不遗余力地朝着目标奋斗。然而，不知道是目标太过伟大还是什么其他的原因，他们总是奋斗一段时间之后，就放弃了努力，然后重新归于安逸。在经过一段时间的休养生息后，他们再重新给自己定立新的目标，重新规划人生。就这样，他们的人生不断地在重复这样的过程，日复一日，年复一年。他们也做了很多琐碎的事情，也常常下定决心，但是最终却毫无成就，碌碌庸庸。这就是伟人和凡人的区别，伟人是立长志，凡人是常立志。

不管是一件多么卑微的工作，要想做出一定的成就，没有个三五年的时间，是不会见效的。这些凡人的可悲之处在于，他们常常只给自己几个月时间，或者只给自己一年半载的时间，不见成效之后，就马上换一份工作，甚至换一个行业。试问，既然大家都知道天上不会掉馅饼，也知道自己不是富二代，官二代，没人直接给我们高官厚禄，我们还有什么资本挑三拣四，朝三暮四呢?

苗苗是个非常聪明的姑娘，但是，她的心气太高了。职业技术学院毕业后，她和好朋友静静一起来到上海，想在这里找到属于自己的一片天地。在上海这个国际化大都市里，大学本科生、研究生都一抓一大把，更别说像她们这样的毕业生了。因此，她们为了找工作吃足了苦头。眼看着从家里带来的钱要花完了，苗苗一边哀叹着“心比天高，命比纸薄”，一边和静静一起去了一家大公司报到，当文秘。静静安慰苗苗：“别难过，咱们刚刚毕业，没有任何工作经验，学历也不高，慢慢来吧，只要把工作做好了，一定会有晋升机会的。”

刚开始工作时，日子还好过一些。因为有很多办公室的文件她们都不会处理，每天都要向老员工学习，所以过得倒也充实。几个月过去，该学的都学会了，静静觉得自己工作起来得心应手多了，但是苗苗却开始不安分起来。她对静静说："我觉得自己这几个月进步很大，我准备跳槽了。现在，不管去哪个公司我都不害怕，你看，这些Word之类的报表，咱们都分分钟就能搞定了啊！"静静劝她："咱们现在刚刚适应工作，我觉得还应该抽空学学其他的东西呢。真是不工作不知道，一工作，才知道自己在大学里学得太少了。"

尽管静静再三劝说，苗苗还是骑驴找马，最终跳槽到了另外一家小公司当助理。公司虽然小，但是职位比文秘有了提升，因此薪水也高了一些。就这样，在接下来的五年中，苗苗一直在不停地跳槽，最终当上了经理助理。有一天，她闲来无事，突然想起了静静。因此，她拨通了静静的电话："嗨，静静，还记得我吧，我是苗苗。你还在当那个破文秘吗？我现在可是经理助理了呢！"不等静静说话，她就沾沾自喜地一通炫耀。不想，电话那头的静静波澜不惊地说："苗苗啊，我当然记得你了。我早就知道你当助理了呢，因为是我向张经理提议让你当助理的。""什么？你……你认识张经理？""也谈不上很熟悉，我是上次代表公司和他谈收购的时候，听他提起你的。""收购？"苗苗一下子想起一个月前张经理说的公司即将被收购的事情，不由得惊讶地问："你就是张经理说的总经理？"静静依然很平静地说："是的，目前上海分公司这边由我负责。其实我也是运气好，当了三年的文秘，之后刚刚升任人事部门的负责人，结果原来的总经理怀孕要生孩子了，她觉得我对这边的人事以及公司运营都很熟悉，所以就推荐了我。”

和静静通完电话，苗苗肠子都悔青了。她原本还准备公司被收购之后跳槽呢，现在必须要认真考虑考虑了。

人生能有几个五年呢？在最好的年纪，也就两三个五年吧。浪费了一个五年，如果再浪费一个五年，苗苗的职业生涯就很难再稳定下来发展了。同样的起点，同样的年纪，五年之后，苗苗和静静的职业发展简直不可同日而语。她们的区别在哪里？无非是一个常立志，一个立长志。

不管做什么事情，都要有常性。无论从事何种工作，这山望着那山高，永远是行不通的。我们也应该具备卧薪尝胆的精神，全身专注地做一件事情。等到我们把一件简单的小事做到极致的时候，我们距离成功也就不远了。

想好了，就毫不犹豫地去做

沉浸在爱情世界里的人们总是说，世界上最遥远的距离，是心与心之间的距离。对于渴望成功的人来说，世界上最遥远的距离，是想和做之间的问题。人们常常抱怨幻想很美好，但现实很骨感。其实，只要赋予执行力，在想好之后就毫不犹豫地去做，现实就会变得和幻想一样美好。

很多时候，大多数人都能想到很多金点子，虽然不是花钱从策划公司买到的好点子，但是这些来自民间智慧的金点子也有可能毫不逊色。然而，这些金点子最终的命运如何呢？有一部分果敢有执行力的人，把这些点子付诸实施，使其变成了自己人生的第一桶金，命运的转折点。大部分金点子何去何从了呢？它们可没有这么幸运，因为它们的主人很犹豫，很多虑，很纠结，所以在经过一段时间的深思熟虑之后，它们被放弃了。自此，它们只能静静地躺在黑暗的虚空之中，等待下一个灵光一闪的时机，出现在人们的脑海里。

当然，我们不能说在做事情之前深思熟虑是错误的，因为有的时候，人们难免冲动，或者一时之间只想到了乐观的情况，而没有考虑未来会面对的挫折和坎坷。但是，只要冷静下来，认真分析，用SWTO的方法好好权衡利弊，一旦确定行动更加有利，那么就没有必要瞻前顾后，杞人忧天了。一个商业策划，即使再怎么完美，如果不能实现，也是毫无意义的。这就是理想和现实的区别。理想再好，没有实现，说出来只能招人慨叹而已。而且，空想就像乌托邦一样，不但没有现实的意义，还会消磨人们的斗志。所以，想到了就分析，一旦分析清楚，就马上展开行动，这才是勇者所为。

珍珍和燕燕是高中同学。她们俩原本就是同乡，又升入同一所中学，到了读高中的时候，老师觉得她俩能够互相帮助，还把她俩调成了同桌。就这样，高中毕业的时候，她俩俨然好成了一个人，不管干什么都形影不离。

也许是好朋友同呼吸共命运吧，原本燕燕的学习成绩更好一些，但是却因为发挥失误，最终和珍珍一样落了榜。想想复读一年还要耽误时间，珍珍和燕燕商量决定一起去打工。她们一起去了广州，在一家服装厂里工作。很快，心灵手巧的姐妹花就在工作上有了非常优秀的表现，车间主任决定提升她俩当组长，各自带领十几名女工。就这样，又一年过去了。

一次，珍珍在和父亲打电话聊天时，无意间知道家里现在也在开办工厂，各种各样的工厂如雨后春笋般层出不穷，还有政策扶持。珍珍赶紧把这个好消息告诉了燕燕，并且提议一起回家办厂，与现在的服装加工厂合作。不想，燕燕刚开始听到消息很兴奋，第二天就犹豫起来。燕燕有很多担心：担心本钱凑不齐，担心招工的问题，担心赔钱，担心找不到合作单位……对此，珍珍却很有信心，她说："我们自己不也是从什么也不会开始学的，现在都可以带领姐妹们做得很好。只要咱们加工的服装质量过关，不愁找不到合作单位。而且，我爸说现在政策很扶持办厂，因为可以解决一部分就业问题，就连本钱，都可以无息贷款呢，这是多么好的机会啊！"

在对形势进行透彻分析之后，珍珍毫不犹豫地回家办厂了。燕燕呢，因为心里始终患得患失，下不了决心，所以继续留在厂里做工。转眼间，三年的时间过去了，燕燕回家探亲的时候发现，三年后的珍珍已经和她完全不一样了。珍珍的工厂借着好政策，顺风顺水，目前已经有了一百多名工人，还和广州的好几个服装厂签订了合约，并且准备再次扩建呢！因为给乡里解决了百十号人的就业问题，现在的珍珍不但挣得盆满钵满，还在政府部门当了代表。再看看自己，还是当时的小组长，还是三年前的老样子，燕燕后悔极了，如果当时她和珍珍一起回来办厂，那么现在肯定至少是个副厂长了。

正如有个名人所说的，机遇永远伴随着风险。如果有10%的机会，我们可以尝试；如果有30%的机会，我们应该努力去做；如果有50%成功的可能，我们就应该毫不犹豫，勇往直前。在没有真正去做一件事情之前，没有人知道结果是什么。所以，我们永远无法确定一件事情的后果。很多时候，事情的发展把握在我们自己手中。

既然知道凡事都有风险，为什么不给自己一个机会呢？给自己失败机会的同时，我们也就给了自己成功的机会。失败是成功之母，我们虽然提倡谋划，却并不认为凡事都要有百分之百的把握才去做。生活中，很多机会转瞬即逝，一眨眼，就再也找不到了。

摆正自己的位置，才能选好人生之路

生活中，总有些人盲目自大。他们把自己摆放在一个非常重要的位置，常常觉得一旦身边的人失去他，就失去了活着的意义。或者在单位里，有些人总觉得自己是不可或缺的，觉得一个部门失去了他，就再也转不灵了。其实，地球离了谁都照样转，没有人是不能缺少的。正是因为这种心态，不乏有些人妄自尊大，觉得每个人都应该成为他的小喽啰。直到有一天，他离开了，才发现别人照样好好工作，按部就班，而一切并没有像地震之后那般混乱。和这种人完全不同的是，还有些人总是自轻自贱。他们自己看不起自己，觉得自己是生活在社会最底层的，在单位里干的也是可有可无的工作，所以从来不把自己当回事，总觉得自己不管努力还是不努力，任何事情都不会有变化。所以，他们渐渐随波逐流，生活没有追求，工作没有激情，变成了一具行走的躯壳。

实际上，这两种人的心态都是不可取的。要知道，螺丝钉虽然小，但是钉在那里，一钉就是几十年。世界上，因为缺失一颗螺丝钉造成的惨祸并不在少数。反之，金字塔虽然很重要，如果真的有一天消失了，世界还是会照常运转。所以，不管是平凡的你我也好，还是伟人也好，每个人都应该找准自己的位置。因为只有找准自己的位置，才能选择正确的人生之路，才能坚定不移地走下去，活出属于自己的精彩。

鲁迅先生之所以被世人铭记，并非因为他的医术多么高明，而是因为他是一名优秀的民主战士。在中国遭受屈辱，被苦难凌虐的时候，他以手中的笔当枪，发表了数篇战斗的檄文，唤醒了国人的灵魂。

在近代文坛上，鲁迅先生是当之无愧的巨擘。他的小说作品思想深邃，言辞犀利，极富思想性。他的杂文铿锵有力，一字千金，充满对社会的批判精神。他是一位高产的作家，为世人贡献出无数呕心沥血的文学作品，所以，他是当之无愧的文学家。这样一位拿着笔的战士，远比数十位医生更加富有战斗力。

这一切，都是因为鲁迅先生很早就认清了自己，坚决地“弃医从文”。那个时代，国人文化程度普遍很低。虽然进行了洋务运动，但是在甲午战争中，北洋水师全军覆没，清政府没有任何资本再与西方列强抗争。为了振兴国运，很多知识分子都去其他国家求学，以期望能够掌握先进的科学技术，强盛国家。当时，鲁迅先生也正在日本留学，一个偶然的机会，他亲眼看到国人遭到屠杀，但是百姓却争先围观。当时，鲁迅先生敏感的灵魂马上意识到，学医虽然能治愈人们身体上的疾病，却无法救赎人们日渐堕落、麻木不仁的灵魂。从此之后，他紧握手中的笔，就像战士握紧手里的钢枪，勇敢地投身于革命的洪流中，用笔尖刺破黑暗，让曙光透进社会，刺醒沉睡的人们。

鲁迅先生经过深刻而又痛苦的反思，意识到了中国落后的根本原因，不仅仅是因为其他国家的强大，也是因为国人在两千多年的封建社会中，已经形成了根深蒂固的奴性。这种奴性，使他们在封建社会中臣服于皇帝，变得软弱可欺。现在，整个国家和民族又接连向列强低头，不管什么情况，都一味地割地赔款求和。所以，鲁迅先生找准了自己的位置，就是唤醒千千万万个麻木不仁的国民，让他们奋起反抗。也正因为如此，鲁迅先生的笔才那么有力，那么一针见血，那么有的放矢。除了深刻的小说，鲁迅先生还写了很多像匕首一样直戳反动统治者心窝的杂文，这些杂文鞭辟入里，使人的灵魂都为之震颤。

如果鲁迅先生没有“弃医从文”，那么，这个世界上肯定会多一个尽职尽责的好医生。但是，对于文坛来说，则是不可估量的巨大损失。正是因为认清了自己的位置，鲁迅先生才果断地选择了自己的人生之路，并且坚定不移地走了下去。如今看来，鲁迅先生不仅影响了当代的文学青年，也一直在影响着后世。作为几代人的精神导师，他的成就是伟大的，是不可估量的。

每个人都有自己的长处和短处，每个人都有自己的优点和弱点。虽然，我们之中大多数人的能力不会像鲁迅先生那么大，但是，我们也应该找准自己的位置。因为只有准确定位，才能做出正确的人生决定，才能走出最精彩的人生！

不要盲目从众，更不要随波逐流

很多人都有“随大流”心理，虽然大多数情况下，跟随大多数人做事情，总不至于错得太离谱，但是也并不代表“随大流”就一定是正确的。

首先，别人都错，不代表你也可以错。经常站在行人道旁等红绿灯的人会发现，很多时候，明明是红灯，但是只要有一个人蠢蠢欲动地过了马路，大家就会不由分说地跟着过马路。与此相反，如果没有一个人过马路，那么即使原本习惯于抢红灯过马路的人，也会站在那里等绿灯亮了再走。根据交通部门统计，不管是行人、电动车还是机动车，因为抢过红灯导致的交通事故数不胜数。既然如此，为什么还有这么多人抢着过红灯呢？就是从众心理在作怪。很多人都认为，即使是一件错事，如果大家都去做，那么我也可以跟着做。殊不知，别人做错，不代表你也可以错。别人抢过红灯侥幸平安，不代表你抢过红灯不会出意外。所以，规则是用来遵守的，任何时候，都不应该盲目随波逐流。

其次，别人都做的事情，未必是正确的。生活是很复杂的，所以很多时候我们因为受限于经验和学识，常常无法判断某件事情。这个时候，我们就会看看别人是怎么做的。试问，你怎么知道他就一定是对的呢？你怎么确定他不是和你一样无知呢？你怎么知道他不是因为盲目自信才作出的选择呢？为什么很多时候我们宁愿相信别人，也不愿意相信自己？其实，当遇到问题不知道该如何决定的时候，最好的办法是不慌张，不忙乱，试着请教有经验的人，而不是盲目地学习别人的所作所为。任何时候，我们都要有自己的判断。因为盲从别人导致遭受损失，心里会懊悔。如果是自己经过深入分析做出的决定，那么即使失败了，也能增长经验，可以无怨无悔。

朱朱是今年刚刚毕业的大学生，应聘来到这家二手房经纪公司工作。因为没有工作经验，所以朱朱需要学习很多东西。刚进入公司，他就被派去参加为期四天的新人训练。这四天，对于娇生惯养的朱朱来说，简直就像魔鬼训练营。首先，身体上遭受了极限的挑战，20千米负重越野跑，让从睡梦中仓皇醒来的朱朱错以为自己当特种兵了。再说说学习，很多知识铺天盖地地砸过来，必须在四天时间内记熟。因为如果没有通过培训基地的考试，是无法办理入职手续的。对于上大学完全靠混的朱朱来说，这是一个很大的挑战。

朱朱几乎是连滚带爬地过完了这四天，第五天到了，这也是通关考核的日子。很多专业术语和名词，朱朱还没记熟呢。无奈之下，他悄悄把几个重要知识点抄在一张纸上，放在了口袋里。他原本以为这样的入职考试会像大学考试一样，真真假假，老师睁一只眼闭一只眼就过去了。所以，看着几乎空白的试卷，他并不是很紧张。果不其然，考试过半的时候，他看到几个同学和他一样抓耳挠腮，不一会儿，还有人拿出了小纸条。朱朱观察了一会儿，看到监考老师并没有发现，也大着胆儿把口袋里的小纸条拿了出来。他刚刚哆哆嗦嗦地抄了一个知识点，监考老师就发现他了。

面对老师严厉的批评，尤其是当听说作弊的学生永不录用之后，朱朱急了。他告诉老师："也有其他同学作弊啊，为什么只抓我？”监考老师看到朱朱这么说，更生气了，质问道：“别人杀人你也跟着杀人吗？既然你说还有别人作弊，证据拿出来，一起开除，永不录用。”朱朱当然不可能有证据，就这样，他在同学们惊讶错愕的目光中，黯然离场。

朱朱就这样失去了大学毕业后的第一份工作，还是以这样的形式。从此以后，他再也不敢抱着侥幸心理随大流了。

别人错，不代表你也可以错。朱朱如果不是因为看到其他同学作弊，盲目从众，也许他的考试还能合格呢，那么，他现在也就不用继续处处碰壁地找工作，而是开始在工作岗位上奋斗了。

生活中，这样从众的现象还有很多。也有很多商家，利用人们的从众心理进行推广促销。例如，如果商场要推广一种电器，很有可能会雇佣一些托，让他们围绕在周围，从而吸引更多的人加入围观和购买的行列。对于从众心理，学者阿希曾经进行过专门的实验，实验结果正是，在被测试的人之中，没有发生从众行为的仅仅占到1/4~1/3。这些始终保持独立性的人，是非常少的。通常情况下，从众性强的人缺乏主见，很容易受到别人有意或者无意的心理暗示，而独立性强的人，往往有主见，不会轻易改变自己的想法。从众心理如果运用得当，就会帮助我们。如果运用不当，就会阻碍我们作出正确的选择和判断。所以，不管什么时候，我们都应该相信自己。

第2章

与自己的弱点抗衡，是成长所必需的

人是很复杂的动物，每个人都不是完美的。在生活中，人是多面的，也许某个方面非常突出，非常优秀，但是某个方面却占据劣势，是毋庸置疑的短板。那么，既然我们意识到自己是有缺点和弱点的，就应该不断地改正缺点，弥补弱点，只有这样，我们才能更快地成长起来，强大起来。

不嫉妒，才能与快乐相伴

什么是嫉妒？翻阅《心理学大辞典》不难找到心理学家对于嫉妒的准确定义——嫉妒是和他人比较，发现自己在才能、名誉、地位或境遇等方面不如别人，并且因此而产生一种由羞愧、愤怒、怨恨等组成的复杂的情绪状态。其实，嫉妒是一种非常普遍的心理学现象，因为每个人从降临于世开始，就唯我独尊，把自己当成是猴群里的“王”，这就是“猴王心理”。

在民间，诸如“吃不到葡萄说葡萄酸”“红眼病”等，也都是用来形容嫉妒心理的。嫉妒是一种负面能量很大的情绪。人们一旦心生嫉妒，就会变得暴躁不安，失望消沉，对他人充满敌意，甚至憎恨原本不相干的人，及至做出某些丧失理智的事情。

那么，人们到底因何心生嫉妒呢？例如，学校里，学生们因为谁考第一而心生嫉妒；办公室里，女同事因为别人买了一条金项链而自己没有，变得愤愤不平；邻里邻居，阿姨因为自己的儿媳妇没有别人家的儿媳妇好看而气愤；工作中，男性同胞因为没有得到某个职位，而嫉妒那个官升高位的人……总之，嫉妒的起因形形色色，而最根本的原因是没有良好的心态。其实，嫉妒不仅会对别人的生活产生困扰，而且还会让自己的情绪产生波动，给自己的生活带来很大的影响。

桃桃和婷婷是大学同学。读大学期间，她们俩一个是班长，一个是学习委员，考试也总是你追我赶，不是你第一，就是我第一。大学毕业后，婷婷去投奔在北京的大姨，在大姨的介绍下，进了一家大公司工作。看到好朋友桃桃为了找工作忙得焦头烂额，婷婷便好心地央求大姨，最终把桃桃也介绍到她所在的公司。这下子，两个大学时代的好姐妹又聚在一起了。殊不知，这次相聚却给婷婷带来了无数的烦恼，后来有一段时间，她说最后悔的事情就是不应该让桃桃也来到这家公司。这到底是为什么呢?

原来，桃桃和婷婷在工作中变成了竞争关系。因为从事推销工作，所以，婷婷和桃桃刚开始压力都很大。对于没有任何销售经验的她们来说，有段时间做梦都在梦想着开单。经过一个多月的努力，婷婷终于顺利为公司签了一个订单。这时，桃桃觉得压力更大了。过了没几天，当婷婷又签下一单的时候，桃桃再也不和婷婷说话了。她们在宿舍住着上下床，居然连晚上回宿舍睡觉也不再交流。婷婷很难受，她知道桃桃一定是嫉妒了。

为了帮助桃桃顺利签单，婷婷甚至把自己的一个客户让给桃桃联系。终于，在婷婷的帮助下，桃桃也签了一单，她们之间的关系也稍微缓和一些了。然而，好景不长，随着婷婷接连签单，桃桃的心里越来越不平衡。也许是因为情绪愤懑，她居然犯了一个不该犯的错误，给公司造成了巨大的损失，最终引咎辞职。

故事中的桃桃是在好朋友婷婷的介绍下才进入公司的，原本这样一对好同学、好朋友，在一起工作的时候应该很愉快，处处互相帮助，但是因为桃桃的嫉妒心理太强，最终导致了让人惋惜的结局。

其实，生活中没有任何人会处处领先。命运是公平的，他为你关上一扇门，就会为你打开另一扇窗。同样的，当你拥有很多的时候，他也会给你一点小小的遗憾。对于生活中那些比我们更加优秀的人，我们完全可以取人所长，补己之短，而不必一味地被嫉妒之火烤炙，最终无法忍受，害人害己。故事中的桃桃如果早点知道这个道理，就会与婷婷强强联手，互相帮助，相信结局会比现在好得多。

人生苦短，每个人都像蜗牛一样背负着沉重的壳。既然这样，我们为什么还要给自己徒增烦恼呢？如果觉得不快乐，不妨想想那些不如自己的人，再想想如何学习别人的优点，壮大自己。

不自私，赠人玫瑰，手有余香

自私是一种普遍存在的社会现象，也是人的心理属性之一。可以说，自私是人的本能，无私是人社会化之后呈现出来的高尚品质。但人是群居动物，任何人都不可能绝对孤立地存在。可以说，每个人都生活在社会之中。如果一个人太自私，将会很孤单，没有朋友，做事也会寸步难行。当一个人还是襁褓中的婴儿，他生活在社会的最小单位——家庭之中。当婴儿渐渐长大，走出家门，他就开始进入学校，接受系统的教育。等到他终于长大成人，有了独立的思想，能够自由地行动，就变成了完全意义上的社会人。他开始工作，与同事打交道，同时，也可以与社会有更加密切频繁的接触。

与自私相对应的行为是拒绝付出。而在社会上，要想与人更好地相处，从别人那里得到我们想要的，首先要做的就是付出。很多时候，渡人就是渡己。很多事情，从表面看起来我们是帮助了别人，实际上，是别人帮助了我们。既然我们都生活在这个世界上，既然每一个人都在地球村同呼吸，共命运，我们就应该给予同类更多的善意。随着社会的发展，自私的含义越来越丰富。现在，自私还有更深一层的意思，我们所说的自私往往指的是在损人的基础上做出利己的行为。毫无疑问，这种行为是完全不可取的。一旦自私的人性扭曲变形，便成了损人利己的驱动力量，自私也就再无生存和发展的空间。试想，谁愿意和一个为了达到目的不择手段的人交往？几千年的文化，使我们的社会有了约定俗成的道德约束，不遵守公共道德的人，必然遭到人们的唾弃。

在社会生活中，一个人要想得到更多的认可，与更多的人友好相处，必须不能自私。

很久以前，有个盲人天天晚上都要去公园里散步。每天晚上，邻居都看到他提着手提电灯，在街道上缓慢地一边摸索，一边前行。终于有一天，邻居忍不住问："你的眼睛又看不到，为什么还要提着手提电灯呢？"盲人说："虽然我看不见，但是这样能照亮别人的路啊！我在黑暗里生活，我知道光亮是多么重要。"邻居依然不解，又问："但是，你这么做自己很麻烦啊，一手拿着拐杖，一手还要提着灯，万一摔倒，也容易划伤你自己。"盲人笑着说："你不知道，其实我这样更安全呢！虽然我看不见别人，但是别人看到光亮，在很远的地方就会发现我，这样也就不会撞到我了。说到底，我这么做虽然帮助了别人，其实是保护了自己。"邻居恍然大悟。

这座城市非常闭塞，城里生活的人们娱乐活动少得可怜。有一天，城里突然来了马戏团。听说这个消息后，万人空巷，大家都争抢着去买票看戏。一对父母带着六个孩子也去排队买票，他们穿着很旧的衣服，不过衣服非常干净。他们很懂事，安安静静地牵着手，站在父母身后等待，没有孩子大声喧哗。但是，从他们的眼睛里，不难看出他们其实很期待着即将开始的马戏团表演。要知道，这可是他们第一次观看马戏表演啊。最小的孩子，时不时地就踮起脚尖看看前面的队伍。半个小时过去了，终于轮到他们买票了。售票员问："您需要几张票？"父亲似乎有些担忧，嗫嚅着说："两个大人，六个孩子。”听到父亲的回答，母亲赶紧把头扭到一边，仿佛要面对很可怕的事情，因此刻意逃避一般。果然不出母亲所料，售票员说了一个很大的数字，是他们倾尽所有也无力承担的。父亲眼睛里若隐若现的火苗瞬间熄灭了，他转过头，羞愧地看着孩子，张了张嘴，却什么也没有说。他不忍心告诉那些满怀期待的孩子，他们没有足够的钱买票。

这时，排在他们后面的一位绅士偷偷地把手伸进口袋里，拿出一张一百元的钞票扔到地上。然后，他漫不经心地拍了拍父亲的肩膀，说：“先生，你的钱好像掉在地上了。”父亲不解地看着那位绅士，只见他充满善意地对着父亲挤了挤右眼，对父亲说：“赶紧捡起来买票吧，快要开场啦！”父亲突然明白了，眼睛不由得湿润了。他弯腰捡起钞票，然后用力地握住了绅士的手，表达他最真挚的感谢。

当遇到需要帮助的人，也许我们只需要做一件很微不足道的小事，就能给予人莫大的帮助。很多时候，人生就是由无数件小事组成的。回头想想，影响我们一生的未必是惊天动地的大事，而恰恰是这些小事。在帮助别人的时候，我们感受到了付出的快乐。与此同时，我们也帮助了自己的内心。这就像我们送给别人一枝玫瑰，别人拿走了玫瑰，但是我们的心底却有玫瑰在无声地盛开。

任何时候，我们都应该记住第一个事例中那个盲人说的话，帮助别人其实也是帮助我们自己。得与失，其实都没有必要太过计较，因为凡事都有两面性。如果不是盲人说的话，谁能知道盲人在帮别人照路的同时也照亮了自己的路呢！

怀宽容之心，宰相肚里能撑船

曾经有名人说，“世界上最宽阔的是海洋，比海洋宽阔的是天空，比天空更宽阔的是人的胸怀。”由此可见，有宽容之心的人，必然有着比海洋和天空更加辽阔高远的胸怀。人们为什么对宽容有着这么多的溢美之词呢？归根结底，是因为生活离不开宽容。

就像我们吃饭的时候，牙齿常常不小心咬到舌头，轻则起个水泡，重则流出鲜血。要知道，如此天造地设的牙齿和舌头都有不和谐的时候，更何况人与人之间呢？即使是和生我们、养我们的父母，也常常会有误解，会有委屈。那么，和朋友呢？和爱人呢？可以说，越是亲近的人之间，越需要宽容。当然，人是群居动物，在和其他陌生人打交道的时候，宽容也同样是必须的。最近几年，陌生人突然发飙，伤害无辜孩子和行人的事情时常发生。究其原因，肯定是其中有人不够宽容。人们常说，得理不饶人，其实，得理更应该饶人。常言道，退一步海阔天空。许多突发的恶性事件，如果当事人能够各退一步，不逞口舌之快，也许就不会发生那么多悲惨的事情。其实，所谓的吃亏、占便宜，原本没有标准可以衡量。唯一的杠杆在于遇到事情的时候，你是否能够平复自己的内心。要知道，最难过的坎不在于外界，而只在于你的内心。

关于宽容，古人常说“以德报怨”。对于大多数现代人，“以德报怨”的要求未免太高。那么，能不能做到不追究的宽容？每个人，在做出一个决定的时候，一定有着不得已的苦衷。如果我们能够体察他的苦衷不追究，想必他一定会在心里默默记住你的好，下次也会有所收敛。其实，以恶制恶未必是最好的方法，唯有宽容，才能使人真心悔改。

宋朝宰相王安石中年丧妻，续弦姣娘。姣娘年纪轻轻，也是大家闺秀，不但精通琴棋书画，而且长得非常漂亮。身为宰相，王安石终日忙于朝政，经常通宵达旦地处理政务，根本没有时间顾及家里的美娇娘。

姣娘年方十八，正值好年纪，哪里能耐得住独守空房的寂寞呢！日久天长，她和年轻的下人产生了感情，两人经常趁着王安石忙于政务时偷情。没过多长时间，有人把这件事情告诉了王安石。为了弄清真相，王安石撒谎说去上朝，实际上称病躲在家中。好不容易挨到夜幕降临，他偷偷进入卧室，想抓住这对男女。果不其然，姣娘和下人正在说情话呢！王安石怒火中烧，恨不得当即破门而入。然而，他冷静一下，自己贵为宰相，实在不值得为一个妾侍大动干戈。想到这里，他扭头就走。情急之下，一头撞到树上。他愤愤地抬头，发现树上有个老鸹窝，因此拿起一根竹竿把老鸹捅得四处乱飞。下人听到外面有动静，赶紧跳窗走了。

中秋节那天晚上，王安石若无其事地邀请姣娘去花园赏月。三杯酒下肚，王安石小醉微醺，当即吟诗：“日出东来还转东，乌鸦不叫竹竿捅。鲜花搂着棉蚕睡，撇下干姜门外听。”姣娘冰雪聪明，一下子就顿悟到王安石已经知道了她和下人偷情的事情。虽然自觉羞愧难当，她还是机灵地跪在王安石面前，吟诗：“日出东来转正南，你说这话够一年，大人莫见小人怪，宰相肚里能撑船。”听了姣娘的倾诉，王安石冷静一想，让正值青春年少的美娇娘陪着已经花甲之年的自己的确是太委屈她了，所以他慷慨地拿出千两白银送给姣娘，让她跟着下人远走他乡，好好生活。不久，周围的邻居知道这件事情后，都很佩服王安石的度量，后人也用“宰相肚里能撑船”来形容人的宽宏大量。

在这个世界上，每个人的财富也许都不一样多，有的人富可敌国，有的人穷困潦倒。然而，唯有宽容，是人人都有的美德。一个人即使再怎么贫穷，也不会被剥夺宽容的权利。一个人再怎么富有，也没有向别人施以宽容的人强大。所以，要想使自己尽快地成长，首先应该学会宽容。

古人云，冤冤相报何时了。当别人伤害我们的时候，如果我们一味地想要报复，寻找一切机会实施报复，那么只会使怨恨越来越深。相反，如果我们能够宽容地对待伤害过我们的人，他肯定不会丧心病狂地再次伤害我们。在混沌的社会中，宽容就像一汪清澈的泉水，流进每一个人的心里。

宽容不但能够消解别人的怨气，还能加深彼此之间的感情。试想，当别人用爱和真诚温暖你受伤的心灵时，你还会变本加厉地继续报复吗？宽容就像雪中送炭，使人倍感温暖。在这个物欲横流、唯利是图的时代，唯有宽容，能够帮助人们走向理解，走向温暖。宽容的人往往有着博大的胸襟，所以他们从不轻易地愤恨。也正因为如此，宽容的人很少发脾气，很少动肝火。

让我们学会宽容吧，它是生活的艺术！

冲动是魔鬼，不冲动才能不后悔

生活之中，后悔之事常常发生，但却没有卖后悔药的。所以，无数人痛哭流涕，悔不当初，甚至悔青了肠子。其实，后悔的产生，无外乎是因为冲动。在冷静理智的情况下，人们往往能够静下心来分析事情的利弊，选择最合理的解决方案。往往在事情突发之时，人们被愤怒冲昏头脑，根本没有时间静下来思考，所以不假思索地做出反应，接下来就是满世界地找后悔药吃。

为了控制冲动，为了不要被魔鬼扼住咽喉，我们应该学会掌控自己的情绪。就像交通要道口写的标语一样：宁停三分，不抢一秒。同样的道理，不管发生什么事情，如果不是必须在当时做出当机立断的反应，尤其是事情比较恶劣，使我们陷入愤怒的泥沼中时，一定不要马上做出反应。可以冷静十分钟之后再做决定，如果事情没有那么急迫，也可以过一个晚上再想想怎么做。这样一来，就不至于做出使自己后悔万分的事情。否则，一旦事情发生，即使再怎么后悔，也是无法挽回的。

其实，冲动这个魔鬼住在我们每个人的心里。它伺机而动，恨不得抓住一切机会让我们成为它的奴隶。古人云，三思而后行，也是因为这个道理。很多时候，虽然我们在冲动之下没有做出无法挽回的事情，而只是说了一些不该说的话，后果也是非常严重的。

试想，如果你有一个闺中好友，只因为有一天你误会她与你的男朋友接近，就口不择言地说了很多难听的话，自此，你失去了这个闺蜜，后来却发现她只是在叮嘱你的男朋友好好爱你。

很多事情，我们看到的未必是真的，听到的也有可能是谎言。既然我们不是明察秋毫的福尔摩斯，就应该给予真相一段时间去还原。无论如何，不要轻易种下怨恨的种子，否则就中了冲动的奸计，一辈子都生活在懊悔之中。

不要让固执成为禁锢你的牢笼

大圣人孔子曰："毋意、毋必、毋固、毋我。"在这四个"毋"中，固执是最最要不得的。生活中，常常有人自夸执着。殊不知，很多时候，人们都分不清执着和固执。虽然这两个词只有一字之差，但是意思却大相径庭。执着是一种可贵的坚持，最终会有所收获，但是固执却是一种偏激的坚持，往往是因为心理狭隘导致的。

如果一个人很固执，他往往不能接受别人的意见或者建议。他始终认为自己是对的，别人是错的。如此一来，他所犯的错误就没有改正的机会，最终酿成大错。孔圣人说的四个不要，不固执是中心。执着的人不会轻易放弃，但是能够听进去别人的金玉良言；固执的人全都是死脑筋，总是想把自认为对的事情灌输给别人，而毫不在乎别人的所思所想所感。因此，固执的人不但自己活得累，身边的人也会疲惫不堪。

现代社会是多元社会，很多事情的解决方案都与以往不同。因此，在遇到事情的时候，死钻牛角尖的人肯定会吃亏。固执的人往往特别看重自己的尊严，有的时候，为了维护那可怜的尊严，他们宁愿付出比变通大得多的代价。或者即使知道自己错了，他们也不会认错，把一切劝他变通的人和话，都视为别有用心。在生活和工作中，这样的人其实很多。他们总是爱表现得特立独行，以此吸引别人的眼球，博得别人的注意。对于这样的人，我们可以绕道而行，因为与他们争论毫无意义。当然，也正因为认识到固执的恶劣影响，我们自己千万要时刻自省，不要在不知不觉间变成一个固执己见的人。

很久很久以前，大森林生活着两只固执的小山羊。不管遇到任何事情，这两只小山羊都意见相反，互不相让。

有一天，这两只小山羊都想过河。它们一只在桥这头，一只在桥那头。问题是，这是一座独木桥，非常非常窄，一只山羊通过都很勉强，更何况是两只山羊呢！

转眼之间，这两只固执的小山羊已经到了独木桥的中间。它们角顶着角，谁也不愿意退回去。怎么办？独木桥根本容不下两只山羊同时过河。要想顺利过河，只能其中一只先退回去，让出路，等到对方平安过桥，自己再上桥通过。

“你赶紧把路给我让开。”一只小山羊气哼哼地说。

“让我让路？做梦！你算是哪根葱，居然敢让我给你让路？！”另一只小山羊毫不示弱，“你赶快退回去，明明是我先上桥的。”

“不行，我是你大哥，怎么也比你大几岁，怎么可能给你这个乳臭未干的毛头小子让路呢，想都别想！”

就这样，两只小山羊角顶着角，谁也不愿意退后，最后居然在独木桥上打了起来。刚刚几个回合，它们就脚下一滑，全都掉进河里淹死了。

原本是退一步就能解决的事情，两只小山羊最终失去了宝贵的生命，这可都是固执惹的祸啊！俄国著名教育家乌申斯基的《两只小山羊》，寓意非常深刻，发人深省。充满智慧的作者通过山羊的故事告诉我们，很多时候，固执惹祸的地点都是在“独木桥”上。如果当时两只山羊都能放下各自的利益，各退一步，那么结果也许会其乐融融。

其实，不仅动物世界里有这样固执的小山羊，人类历史上，因为固执而导致的悲剧也时有发生。如果每个人都能胸怀广阔，不要为了一时的意气争来抢去，那么世界就会多一些和谐的音符。

每个人都生活在社会中，与形形色色的人打交道。对于任何人来说，都没有完全的自由，因为人不可能脱离其他个体独自生存。所以，我们不但要赢得别人的尊重和理解，也要学会理解和尊重他人。

正所谓己所不欲勿施于人，我们应该设身处地地站在别人的角度考虑问题，从谏如流地接受别人的合理建议。从心理学的角度来说，不管是在生活还是在工作中，每个人都需要得到别人的认可，这种心理迫切希望得到满足。

所以，不管什么时候，不管是占理还是不占理，我们都要学会给别人留有余地，也给自己留下回旋的空间。这与圆滑、世故无关，而是一种处世的哲学。

患得患失最是要不得

《论语·阳货》中记载，子曰：“鄙可与事君也与哉？其未得之也，患不得；既得之，患失之。苟患失之，无所不至矣。”这句话的意思是说：孔子说，“能和人品恶劣的人一起为君主服务吗？没有得到的时候，他处于忧虑之中，生怕得不到；得到之后，他依然处于忧虑之中，生怕失去已经得到的。假如一个人担心失去，那就什么事情都能做得出来。”这句话，孔子原本用来形容那些一心想得到官位，得到官位之后又担心失去的人。这种人，孔子认为他们会因为害怕失去而做出一切事情，甚至损害他人的利益，危害集体。当然，孔子说的是对的，这样的人的确使人害怕，也是一个集体之中的害群之马。在现实生活中，这样的人随处可见，因为他们的功利心太强，太患得患失。

实际上，一个人如果患得患失，自己也是非常痛苦的。因为他们的心里始终很紧张，不知道应该如何坦然面对外界的人和事，所以他们活着的每个时刻都如履薄冰。他们每分每秒都在算计，想想自己怎样才能利益最大化，才能一点儿亏都不吃，净是赚便宜。对于患得患失的人而言，人生就像哲学家叔本华所说的，从未有真正幸福和满足的时候，而一直在痛苦与无聊、欲望与失望之间不停地摇晃，就像钟摆。现代社会，生活节奏越来越快，人们在职场上的竞争也越来越激烈，所以，越来越多的人陷入患得患失的泥沼，无法自拔。因此，那些从容淡定、坦然面对生活的人，才是真正幸福的。

很久很久以前，有位神射手，名叫后羿。他射箭的技术非常高超，即使隔着很远的距离，也能射中杨树的叶子。而且，不管以怎样的姿势，他都能射中目标，从未出现任何失误。渐渐地，人们口耳相传，他的名气越来越大。一个偶然的机会，夏王亲眼看到后羿高超的射箭技术，非常欣赏他。有一天，夏王突然心血来潮，决定把后羿召入宫中，让后羿把炉火纯青、出神入化的箭术单独表演给他看。

后羿来到王宫的御花园，夏王早已让下人在平坦的地方立好了一块一尺见方的箭靶，这个箭靶是用兽皮做的，箭心大概一寸。夏王一边指着远处的箭靶，一边对后羿说："我早就领教了你高超的箭术，今天，你要专门为我表演一次。不过，这次不同于往日你和别人比箭，像你这样的高手，一个人表演可能会觉得很无趣乏味。这样吧，我为你定个赏罚规则：假如你一箭射中靶心，我就给你一万两黄金作为奖励；但是，假如你没有射中靶心，那么，作为惩罚，我要削减你一千户的封地。好了，你准备开始表演吧。"

夏王话音刚落，后羿就变了脸色。原本轻松自如的他，面色凝重。他步履沉重地走到距离箭靶一百步远的地方，取出一支箭，搭在弓弦上，摆好瞄准的姿势。那一瞬间，他突然觉得箭有千斤重，因为他的奖罚和这一箭联系在了一起。想到这里，向来从容不迫的后羿呼吸急促，手也开始发抖，瞄准几次都没有射箭。等到他终于狠下心松开弦，箭居然有史以来地没有射中靶心。后羿脸色惨白，仓皇间射出的第二箭距离靶心更远了。

后羿黯然离开王宫，夏王也未免觉得扫兴。他失望地问下属："后羿不是神箭手吗，今天怎么水平这么差？"下属沉思片刻，回答道："后羿以前射箭都没有奖罚，这次却有奖罚，所以，他的心就乱了，射箭的水平也受到了影响。看来，一个真正优秀的神箭手，还必须心静如水，不把利益放在眼里啊！"

原本百发百中的神箭手后羿，就因为有了夏王的奖罚规定，箭术大打折扣。看来，我们要想在成功的路上勇往直前，还不能过于计较自己的利益得失。只有平常心做事，才能更加趋于完美。

现实生活中，很多事情都是和我们切身的利益相关的，你做好准备了吗？只有不怀功利之心，坦然面对利益的得失，才能朝着成功更进一步。

第3章

看清现实，给自己确定能够实现的目标

近来，人们常说“理想很丰满，现实很骨感”。虽然这是一句戏谑的话，但是的确从一定程度上说明了理想和现实之间的差距。尤其是对很多怀抱远大理想一头撞进社会的人来说，理想和现实之间的差距有时候让人很难接受。但是，不管处于什么样的心态，我们首先应该做的是认清现实。只有认清现实，给自己确定能够实现的目标，我们才能更加清晰地向着前方努力，而不至于在漂泊中迷失自我。

做你能做的，而不是只做你想做的

生活中，有很多人对于某个方面有着特殊的兴趣，也有些人喜欢上了大学时代所学习的专业，然而，一旦步入社会，人们就会发现，能够从事自己所喜欢的、兴趣所在的工作是一种幸福。但现实情况是，很多人所从事的工作并不是自己所感兴趣的，也不是大学时代学习的专业，而是为了生计所不得不选择的行业或者职业。那么，对于这样的一种现状，我们是从心底里抗拒或者排斥，还是慢慢地试着去接受呢？这也就是我们常说的，干你喜欢的工作，还是喜欢你所干的工作。把这种情况移植到恋爱中，就是一个千古难题——选你所爱，还是爱你所选？

其实，就像古时候人们说很多德才兼备的女子“心比天高，命比纸薄”一样，现实生活中，也有很多人是“心比天高，运比纸薄”。我们常常会发现身边有些人总是侃侃而谈，觉得自己是当世难寻的千里马，但其实却一事无成。实际上，并非这个世界上没有伯乐，只是我们不够优秀，不够努力，不够坚持而已。

工作中，很多人觉得自己能力非常棒，只是因为没有得到最佳的平台。实际上，只是因为你的能力还达不到，所以够不到更好的平台。如果你能平心静气、脚踏实地地先把手中能干的工作做好，那么终于有一天，你有更辽阔的天地施展自己的梦想，最大限度地做自己想做的事情。当然，这一切的前提是你不任性，够踏实。试想，假如你做一件工作的时候总是觉得自己大材小用，心中愤愤不平，不愿意施展浑身的解数，而只是心不甘情不愿地敷衍了事，你怎么可能表现突出呢？记住，不管什么时候，人只有先把自己能干的事情干好，才能为自己争取机会去干想干的事情。

巧巧和珍珍是高中同学，又一起考入了师范大学。大学毕业后，她们一起在陌生的城市奔波，找工作。然而，就业形势实在太严峻了，她们始终没有找到心仪的工作。原本，她们都想进入大公司当一个高级白领，然而，因为她俩是师范专业的，所以很多办公软件以及办公礼仪等，都不是很出色。无奈之下，她们只得进入一家民办学校当了初中老师。整天朝九晚五地对着三尺讲台，她们很不甘心。

工作一个月之后，巧巧总抱怨连天。她不停地对珍珍说：“哎，这样的日子什么时候是个头啊，总也过不上自己想过的生活了。”珍珍总是安慰她：“别急啊，慢慢来吧，咱们的能力还很欠缺，我准备一边当好老师，一边找机会充实自己呢！”巧巧却是心急火燎：“等把老师的工作干到头，咱们就老了！”珍珍还是很坚定：“不会的，很多人大学毕业后都没有时间学习，咱们正好借着当老师的机会，好好充实自己！工作之后再学习，会比大学时代更有针对性的！”

没过几个月，巧巧就辞职了。她离开了教师的岗位，又开始像大学刚毕业一样四处碰壁地找工作，最后好不容易才在一个刚刚创办的小公司找到了文秘的工作。虽然过的是白领的生活，看起来光鲜亮丽，但实际上工作内容很枯燥，也很难得到提高。珍珍呢，一直干一行爱一行，利用业余时间不断提升自己的能力，很快就在教育岗位上有了突出的表现。

几年之后，巧巧还是一个不上不下的文秘，而珍珍呢，已经跳槽到一所著名的私立学校，担任教学骨干。后来因为她有丰富的教学经验，而且还自学了很多社交礼仪等，因此被校长提拔为专门负责对外交流的副校长，时常作为学校代表接待其他来访参观的校长、教育局领导等，还作为学校对外交流团的团长，经常去外地、国外等学习和交流。

从巧巧和珍珍的经历，我们不难看出，做好现在能做的，比一门心思地只做自己想做的，更加重要。《中国味道》是一部关于美食的纪录片电影。影片中，有一段关于酿造酱油的内容。原来，酿造一缸好酱油，也需要五年的时间。想一想，酱油在生活里仅仅作为一款调味料出现，但是，就是这样一款可有可无的酱油，也要经历一千多个日夜的晾晒和夜露的洗礼，才能绽放出其特有的品质。等待五年，也许就是为了入味碟的那一刻。品尝的人，也许会一声赞叹，也许漫不经心，然而，这都丝毫不影响酱油从黄豆发酵开始的漫长旅程。

酱油尚且如此，更何况是人呢？这山望着那山高的人，是永远做不好一件事情的。只有脚踏实地，安守本分，先把自己能干的事情干好，证明自己的能力和实力，你才有可能得到展现自己的机会。记住，是金子总会发光的。如果你没有发光，只能说明你还没有磨炼成金，而不能说明你所处的舞台不够广阔。努力吧！你只管努力，上天自有安排！

与其杞人忧天，不如马上实践

尽管古人常常说，失败是成功之母。但是，在现实生活和工作中，依然有人因为害怕失败而拒绝尝试。很多人都知道，禁锢我们的牢笼不在于外界，而在于我们自身。的确如此，我们之所以碌碌无为，不是因为我们的想法太少，而恰恰是因为我们的思虑太多。在投资或者尝试一件事情的时候，一旦想好了，就应该马上实践，而不要瞻前顾后，犹豫不决。

大家都知道，机会转瞬即逝，尤其是千载难逢的机遇，只要稍一延迟，就有可能与良机失之交臂。任何事情都是有风险的，有可能成功，也有可能失败，我们一定要认清这一点。既然知道凡事不可能达到百分之百成功的概率，那就不要奢求达到百分之百的成功。如此想来，我们也就没有什么好杞人忧天的了。在人生的经验积累过程中，不仅仅只有成功能够推动我们，有时候失败也在推动我们前进。所以，最重要的是想好了就去做，哪怕失败了，也比让金点子、好创意停留在空想阶段更好。

张磊大学毕业后，很偶然地进了一家大企业。不过，这家企业所招聘的岗位并不符合他的本专业。当时，已经找工作几个月却处处碰壁的张磊再也不想像无头苍蝇一样乱撞了，心里只想安定下来，再慢慢图谋。因此，就接受了这份工作。

工作之后，张磊意外地发现，自己的同班同学李强居然同时也进了这家企业，而且是同一部门。两个大学同学意外在一家企业的同一部门相逢，也真是够巧合的。工作几个月后，他们俩一起去吃饭喝酒。酒过三巡，两个人都微微醉了。张磊问李强："你工作得快乐吗？"李强摇摇头，说："不快乐。对我来说，这份工作只是暂时糊口的。我的理想是咱们的绘画专业，我一定要成为一名画家。"张磊很纠结地说："其实，我来的时候和你的想法是一样的，暂时糊口，然后去实现自己的画家梦。不过，这家企业很大，待遇也不错，我又担心万一辞职了，又像毕业的时候一样找不到工作怎么办？万一我在绘画的路上没有发展，碌碌无为怎么办？如果我从事绘画事业十年而毫无收获，那么就损失太大了，因为留在这个公司，十年之后，至少是个中层管理者，就已经步入小康了！"李强不以为然地说："不管怎么样，我不能放弃自己的梦想。况且，你有什么好担心的呢，连我都要去完成画家梦，你要知道，你可是我们班的才子啊！”张磊久久没说话，似乎陷入了沉思。

半年之后，稍有积蓄的李强果然辞职了。他当了一名绘画工作者，工资比之前低了很多，但是每天都可以作画，做自己最喜欢也最擅长的事情。转眼之间，十年过去了，张磊在公司已经升任主任，过着拼搏的有时候甚至完全忘记绘画的工作。一次难得的假期，他带着家人去法国旅行，无意间经过画展，不由得想起自己多年前的梦想。他情不自禁地走过去开始欣赏，突然，他看到一幅画的落款写着他熟悉的名字“李强”。他拿起电话拨打给李强，果然，这幅画的确是李强所作，李强还邀请他参加下个月将在成都举办的“青山绿水”个人画展。挂断电话，他茫然若失。近来，他常常觉得迷惘，生活需要的一切他似乎都有了，但是却再也没有时间拿起画笔。他到底得到了什么，又失去了什么？有一点他很肯定，如果当时他和李强一样辞职，去拿起心爱的画笔，那么他现在的成就一定不会比李强差。

凡事都会有失去的，也会有得到的。没有任何人，可以只得到，而从不失去。在权衡很多事情的利弊得失时，我们只需要想一想自己最想要的是什么，自己内心深处真正追求的是什么，就能够正确地做出取舍。世界上好东西那么多，那么多璀璨耀眼的成就，我们不可能全部拥有。那么，就珍惜我们生命中最宝贵的，在我们深思熟虑之后最想做的。

需要注意的是，所谓的深思熟虑，指的是做事情之前的多方面考虑，而不是已经想好的事情犹豫再三、迟疑不决地不去做。深思熟虑的人并不缺乏勇敢果断，而杞人忧天的人却因为一些还没有发生的可能性羁绊自己的脚步，使自己举步不前。做事情之前的深思熟虑和杞人忧天，是完全不同的。我们要深思熟虑，一往无前，而不要杞人忧天，裹足不前。

没有学历并不代表会一事无成

关于对学历与水平的争执，历来都没有停止过。有一部分人说学历并不代表水平，也有一部分人说学历是必须有的。其实，现代化的大学教育如此普及，学历也并不像以前一样象征着鲤鱼跳龙门，所以，学历的得到也就没有那么艰难。因此，很多正规企业在招聘的时候，都会有一个学历的门槛。也因此，很多人都把学历作为敲门砖。的确，对于规定严格的企业来说，如果要求本科，那么大专是根本不会获得面试机会的。当然，现代社会也不乏学历过剩的现象。例如，越来越多的人去读研究生，但是毕业后真正从事研究的人很少，从事学术性岗位的人也很少。那么，对于一家企业来说，如果只需要本科生就能胜任的工作，有什么必要非得聘用研究生呢？众所周知，就像投资与回报，研究生多读了几年书，不管是时间还是经济方面，都付出了更高的成本。理所当然，研究生的工资收入会比本科生高一些。所以，有很多单位更喜欢雇佣本科生，并不认为学历越高越好。这就像吃自助餐，根据食量取用，浪费可耻。

和学历过剩现象相对的，如今虽然大学很容易考，依然还是有一部分学生因为各种原因与大学失之交臂。那么，面对众多需要以“学历”作为敲门砖的企业，应该如何是好呢？其实，人生成功的路有很多条，条条大路通罗马，尽管高考现在不是独木桥了，也未必所有的人都要去挤。人的能力并非只有一种，有的人学习能力很强，这种人最容易在学术上出类拔萃；有的人脑筋活泛，适合做生意；有的人天生对机械感兴趣，也许会成为工程师；有的人悲天悯人，适合当医生……还有些人如闲云野鹤，不喜欢受到拘束，也许最适合务农，或者经营农家乐。还有些人天生喜欢服装设计，或者唱歌，即使没有受到专业训练，也很容易出类拔萃。有的时候，天赋也是很重要的。天赋，再加上后天的努力，才能成就极致。

从小学到初中再到高中，小南一直非常优秀。他的成绩在班里始终是名列前茅，各方面表现都很出色。高中毕业后，虽然考上了不错的大学，但由于家里付不起一年几万的学费，最终，小南选择了放弃。

刚开始的时候，看着昔日同窗都背起行囊去远方的大学就读，小南心里难过极了。然而，看着父母苍老的脸庞和佝偻的身躯，他不能有丝毫的抱怨，只能把遗憾深深埋藏在心底。接下的日子，他就拿起锄头和父亲去了地里。父母年纪大了，已经干不动农活了。他们老来得子，却没有能力供养孩子上学，已经觉得很愧疚了。小南知道，自己不能流露出任何情绪，以免给他们增加心理负担。所以，他有说有笑地和父亲下地干活。中午，母亲把手擀面给他们送到地头，他都是稀里呼噜地吃得很香。

虽然装得不以为意，但是小南知道，自己不能就这样过一辈子。他不想像父母一样，一辈子面朝黄土背朝天，却依然穷得叮当响。他要证明自己，为自己的下一代创造更好的条件，也为父母安享晚年去拼搏一把。一个月之后，他背起行囊，去了广州，进了一家电子厂打工。拿到第一个月的工资后，他只留了生活费，把其余的钱都寄回了家。他勤勤恳恳，任劳任怨，脏活累活都抢着干。很快，他就当上了班长，开始领班。一年过去，父母用他寄回家的钱盖起了大瓦房。他呢，也变成了车间主任。然而，他还是不满足。一个偶然的机会，他听说家里正在合资建厂，便连夜做了一个计划书，呈交给厂部，主张回他的家乡办厂，这样可以节省大量人力、物力。

出乎他的意料，厂部居然同意了他的计划，还升他为厂长，专门负责这个项目，并兼职开拓当地市场。就这样，当其他同学大学毕业刚刚几年的时候，小南已经作为当地最年轻有为的厂长，衣锦还乡了。他知道，自己接下来要大展宏图，造福于家乡。

还是那句老话，是金子总会发光的。小南虽然因为家境贫困，与大学失之交臂，但是他用了几年的时间，在社会这所大学里毕业了。当他的昔日同窗奔波着找工作的时候，却发现面试他们的是昔日同窗小南，心里一定会大大地吃一惊吧。这个世界上，没有任何一条路是一直通天的。我们必须不断地尝试和努力，才能适应自己的人生之路，才能发现最适合自己发展的方法。

没有学历怎么办？向小南学习吧。你也许不用去深圳，不用去电子厂打工，你只需要找到自己擅长的，再结合最有力的外部条件，就能走出与众不同的道路。学历虽然重要，但却不是最重要的。最重要的是，你清楚地知道自己想要什么，知道自己的优势和劣势，并且足够坚持，足够努力。

找到属于你的天地施展抱负

前几年，诸如北上广深等一线城市，开始涌起返乡潮。很多白领，在大城市打拼多年之后，开始审视自己的生活，放弃自己曾经宏伟的梦想，回到了家乡的省会城市或者三线城市生活。其实，白领在一线城市就一定幸福吗？答案并非如此。很多白领在大城市拿的工资并不高，但是却要承受高昂的物价、交通成本、生活成本。很多白领穷其一生所得，也未必能够买到属于自己的房子。因此，他们在一线城市的人生注定是漂泊的。不同的是，在积累一段时间的积蓄之后，回到家乡的他们，也许可以全款或者贷款买到自己的房子，再找一份相对稳定的工作，过上安稳的生活。相关数据表明，在大城市巨大的工作和生活压力下，很多白领的身体都处于亚健康状态，生活也处于社会中下层。渐渐对灯红酒绿的大城市生活感到厌倦后，回归心灵和身体的栖息地，也许会得到不一样的人生体验。

虽然家乡山好水好人好，也还是有很多在大城市生活习惯的人回到家乡之后，发现自己已经不再适应家乡的节奏。在回乡潮兴起一段时间之后，又有一部分回乡大军重新返回一线城市，回到之前厌弃的生活。也许，不管什么时候，都是有比较才有选择。始终留在大城市的白领，想起家乡就会感受到来自心底的惬意，然而真正回到家乡，他们之中的一部分人又开始想念大城市的熙熙攘攘，川流不息。最终，每个人都要找到一种最适合自己的生存方式。我们不能说哪种方式好或者不好，因为这与好不好毫无关系，而只在于你的选择。也有很多大富豪，在享尽人间繁华热闹之后，心甘情愿地捐献所有的财产，归隐山林，与世无争。与此同时，又有多少人像蚂蚁一样忙碌，只为了挣钱，买更大的房子，买更好的车子，穿更好的衣服，吃更多的美食。说到底，人活着就是一种感受。

璐璐的家乡在成都，那是一座慢生活的城市。生活在那里的人们，每天都过着悠闲惬意的生活，尤其是当夜幕初上的时候，街边、小巷里、路灯下，到处都是麻将桌。那里的人们喜欢美食，也因为生活节奏的舒适惬意，他们有更多的时间研究美食。人们工作之余打个麻将，逛逛街，这样的生活，想想就很惬意。

父母希望璐璐在北京读完大学后，能回到成都，从此过上安逸舒适的生活，守着父母守着家。然而，璐璐还年轻，想看看外面的世界。所以，大学毕业后，她留在了北京。从此，她开始了朝九晚五的白领生活，加班是常事。每次妈妈给她打电话，她不是在加班，就是在和同事一起吃晚饭。几年过去了，独自在外漂泊的璐璐到了女大当婚的年龄。父母着急了，每次打电话都催问璐璐有没有找到意中人，璐璐总是说工作忙，还没有时间考虑个人问题。就这样，眼看着璐璐快要三十了。父母着急了，就来到了北京，说是要么把璐璐带回家，要么等到璐璐解决终身大事再回成都。

来到北京之后，父母才知道女儿在北京多么拼。每天早晨六点多起床，挤一个多小时的地铁到单位，晚上有的时候加班到深夜，就凑合在办公室睡了。父母心疼了，非得逼着璐璐回成都。看着日渐年迈的父母，璐璐动摇了。她在北京工作这几年，攒的钱还不够买个厕所呢，而且，父母也不太适应北京干燥的气候。半年后，璐璐申请调到了成都的分公司。

回到家乡的璐璐，工作和生活也很充实。因为从北京调到成都，璐璐还官升一级，当了部门经理。也因为在北京工作的几年积累了丰富的工作经验，所以一年之后，她就平步青云，变成了成都地区的总监。事业爱情双丰收，她在热心的亲戚朋友的帮助下，顺利找到了人生的另一半。结婚、生子，孝顺父母，璐璐的生活井然有序地进行着。

对于到底留在北京还是回归成都，璐璐的考虑并非片面的。除了个人的发展，她还考虑到父母的养老问题。其实，未必留在北京就一定会更幸福，也未必回到成都就会变成小地方的人。如今，网络信息如此发达，交通工具也越来越便捷，世界都大同了，出国遛弯也成为寻常事，更何况是国内的城市呢？

不管在哪里生活，主要是看自己的人生规划。生活在大城市的底层，和生活在二三线城市的中上层相比，哪个更幸福，主要取决于个人感受了。而且，即使从工作的角度来说，虽然普遍意义上大城市的工作机会更多，机遇更多，但是，未必每一个在大城市生活的人都能获得成功。相反，虽然二三线城市生活的圈子相对较小，但是只要能够有好的创意，市场也是很大的。所以，在哪里生活，幸福与否，主要取决于我们自身的努力。

珍惜踏足社会的第一份工作

目前，大学生就业形势一年比一年严峻。对于很多大学毕业生来说，在选择第一份工作的时候，因为经历了很多次碰壁，因为急需自己养活自己，所以他们往往抱着先找一份工作干着，养活自己，然后骑驴找马，有合适的工作再跳槽的心态。殊不知，这样的心态是要不得的。经历了大学校园里四年的学习，大学生在毕业的时候都是有一定的学识的。如果仓促地找一份并不适合自己的工作，那么，工作的热情就会被打磨掉。而且，换工作也并非如我们想象中那么容易。众所周知，目前来说，在都有学历的情况下，有工作经验的人肯定会被优先录用。如此一来，如果把时间频繁地用于跳槽，可就得不偿失了。

对于应届毕业生而言，一定要珍惜自己踏足社会的第一份工作。这份工作，不但能够帮你减轻父母的经济负担，让你从经济上实现独立，也能够帮助你积累工作经验，为你未来在职场的发展打好基础，还能帮助你形成良好的心态面对职场。试想，假如仓促中找到的工作，让你工作之后每天眉头紧蹙，生不如死，你还有信心再去面对下一份工作吗？假如第一份工作没有能够让你立足长远地干下去，几个月换一次工作，毕业之后的黄金时间就这样在不断地跳槽中度过，你还有信心长远发展吗？甚或谋到一家正规公司的中层管理者职位或高层管理者职位吗？所以，第一份工作，从各个方面影响着你在职场的发展。不管从哪个角度来说，都应该慎重而又认真地对待。

小叶和亚楠都是同一所大学毕业的。她们不但是同学，还是舍友，一个睡上铺，一个睡下铺。因此，在毕业找工作的时候，她们也一起经历了接连碰壁，直到快要失去信心陷入绝望的时候，终于有一个小公司给她们同时发来了应聘函。

这家公司并不是小叶和亚楠心仪的公司，当时之所以去面试，只是因为想试试，而且在诸多投递的简历中，这家公司是为数不多给她们发来面试函的公司之一。面试通过之后，小叶和亚楠都来到了公司开始工作。时至今日，这家公司已经发展成为行业的龙头老大。十五年后的今天，这家公司的市场占有率达到行业的60%以上。这么牛的一家公司，小叶和亚楠的现状如何呢？

小叶进入公司后，因为每天要走十个小时以上，还要不停地带着客户看房，每天风里来雨里去，所以，小叶在很勉强地坚持了半年之后，跳槽到一家公司当白领了。经过这十几年的发展，她目前是资深白领。虽然已经升任经理助理，但是每个月也就拿着大几千的工资，过着朝九晚五的生活。亚楠呢？当初，因为二手房销售行业压力大，并且因为她不是特别聪明且悟性不高，所以着实吃足了苦头。甚至在一起进公司的小叶都开第一单的情况下，她依然毫无进展。直到小叶离职前夕，她才开了第一单买卖。她很激动，因为觉得帮助客户买到几百万的房子，手续都是她全权办理的，简直太有成就感了。要知道，对于刚刚大学毕业的亚楠来说，几百万简直是个天文数字。为了这一份沉甸甸的信任，她在小叶离职的时候，选择了继续坚持。

宝剑锋从磨砺出，梅花香自苦寒来。亚楠从普通置业顾问，变成置业顾问，再到门店经理、区域经理，最后升任某二线城市的总经理。如此华丽的蜕变，让小叶瞠目结舌。然而，十几年来的辛苦与坚持，只有亚楠知道。如今的她，很庆幸自己当初选择了留下，选择了坚持，所以今天才能够真正实现自己的梦想，找到人生的舞台。

大学毕业后第一份工作的留守与坚持，往往能够使我们获得意料之外的收获。事例中，小叶和亚楠的发展就是最好的证明。频繁跳槽，只能使我们的心态越来越浮躁，也因为没有在一个行业或者一家公司长久发展的经历，其他公司在聘用你的时候，会有诸多考虑。其实，现代的很多大公司并不要求有多么高的学历和多么强的能力，最重要的是，要稳定发展，对公司忠诚。亚楠的人生登上了辉煌的顶峰，拥有了更大更开阔的舞台。而小叶呢？现在追悔莫及，她的人生与亚楠拉开了不可超越的差距。

大学生们，千万不要当“心比天高，命比纸薄”的红颜，而要当“脚踏实地，努力拼搏”的强者。认真地对待你的第一份工作，即使不能像亚楠一样走到人生巅峰，你也一定会有不一样的收获！

现实生活中不需要祥林嫂

生活总是瞬息万变，世事无常。很多时候，我们谋划好的事情，我们美好的愿景，都无法实现。那么，对于生活突发的变故，我们应该怎么办呢？是喋喋不休、一刻不停地抱怨，还是忘记痛苦的过往，满怀希望地往前看？也许，痛苦使很多人失去理智，选择第一种方式。的确，在灾难刚刚发生的时候，倾诉确实是一种排解的方式。当你诉说的时候，身边的人也会配合地调整好表情，给你一个深切同情的回应。然而，不要忘记，时间是冲淡一切的良药。随着时间的流逝，不但你的痛苦在减弱，人们对你的同情也在消散。假如你非要把时间当成发酵剂，那么最终的后果就会和鲁迅笔下的祥林嫂一样。

随着时代的发展，被倾诉的人有了一个很形象的名称——情绪垃圾桶。倾诉的人也有了一个代名词，叫负能量的人。现代社会的发展日新月异，每个人都在努力地往前跑。尤其是在大城市，生活节奏越来越快，生存的压力越来越大，试想，还有多少人愿意每天听别人诉苦呢？姑且不说时间的成本有多少，主要是在听别人负面的抱怨时，自己的心绪也会受到影响。人，是一种太容易受到暗示的物种，正因为意识到这一点，所以现代社会才提倡正能量。如果生活中每个人都能互相鼓舞，互相支持，那么彼此就会更加积极乐观，奋发向上。所以，现代社会不需要祥林嫂，需要的是积极正向的乐观者。当然，我们也不能剥夺人痛苦和倾诉的权利，只是，要学会排解自己的忧伤和悲痛，将其化为前进的力量。不管发生什么事情，生活总要继续下去，不管你多么伤心难过，生活的脚步都不会停留在原地，更不会倒流回去。这就是时代的洪流，只有顺应时代发展的人，才能更好地生存。

林岚是一个非常爱抱怨的人，即使只遇到芝麻大点儿的不顺心，她也能喋喋不休地抱怨一个月。刚开始的时候，她和伊然的关系非常好。伊然是和她一起进公司的，面对完全陌生的工作环境和同事，她们自然而然地走近了。再加上林岚不管有什么事情都喜欢告诉伊然，所以一段时间之后，她们俨然成了闺蜜。然后，随着对工作的熟悉和职务的升迁，伊然的工作量越来越大，每天忙得连喝杯咖啡的时间都没有。但是，林岚似乎对此毫无知觉，依然有事没事地就去找伊然聊天，当然，聊天的过程中少不了抱怨。

在伊然心里，林岚人不坏。林岚是独生女，从小娇生惯养，虽然心眼很好，人也单纯，但是一点儿苦都吃不了。和伊然聊天的过程中，她大部分时间在抱怨。抱怨工作太累，每天要对着电脑七八个小时，偶尔还要加班；抱怨丈夫对她关心太少，没有带她出去旅行；抱怨同事总是给她排值班，害得她没有时间逛商场；甚至抱怨伊然现在为什么这么忙，忙得连和她聊天的时间都减少了。这样的抱怨，在伊然和林岚刚刚进入公司都是小职员的时候，还挺让伊然感动的，她觉得林岚很信任自己。但是，随着工作的忙碌，伊然越来越受不了了。因为每次林岚的抱怨都会影响到她。在抽出宝贵的时间听林岚抱怨完之后，她的心里也会觉得很郁闷，尤其是当林岚抱怨公司福利待遇不够好、升迁无望的时候，对伊然的影响最大。刚开始，她同仇敌忾，后来她发现，问题不在公司，而在林岚。天上不会掉馅饼，一份不苦不累、轻松悠闲的工作不会那么容易地掉到她们的头上。当了一段时间的“情绪垃圾桶”，伊然没办法，只好处处躲着林岚。可怜的林岚，无意间变成了负能量的传播人，还失去了一个好朋友。遗憾的是，她至今还不知道到底是怎么回事，还在四处寻找新闺蜜倾诉自己的抱怨和烦恼呢！

卡耐基先生曾经提出了30条沟通人际关系的原则，“不批评、不责备、不抱怨”位列30条原则的首位。其实，不管是卡耐基先生，还是本文，无非都是想告诉大家，在职场上，没有任何人得到升迁和奖励，是归功于喋喋不休的抱怨。抱怨对我们的职场命运有百害而无一利，除了浪费宝贵的时间，像文中的林岚一样失去好朋友之外，还会使人与机会失之交臂，使职场生存环境越发恶化。试想，如果你是领导，肯定也不愿意把艰巨的任务交给一个爱抱怨的人，更不会去提拔这样的人，让充满负能量的人去领导团队。所以，朋友们，记住吧，在职场上一定要少说多做，传播正能量！

第4章

弄清自己想要的生活，别盲目地忙碌

地球上，每天人来人往，川流不息，很多时候，人真的和蚂蚁一样，簇拥着活着。在这汹涌的人潮中，有几个人知道自己真正想要的是什么呢？更多的时候，我们是被别人簇拥着走，而根本没有认真思考和审视自己的内心。别人都考大学，我也要考；别人都买大房子买好车，我也要努力挣钱；别人都把孩子送出国了，我们家孩子也不能在国内待着……你可曾想过，你忙忙碌碌追求的，是你心里真正想要的吗？

勇敢去做，创业没有想象中可怕

近些年来，随着毕业的大学生越来越多，应届大学生就业的形势也越来越严峻。很多大学生怀揣着在象牙塔里成就的梦想来到社会上，却处处碰壁，连一份像样的工作都找不到。对于心理脆弱的一部分大学生来说，难免受到很大的打击。多年寒窗苦读，好不容易熬到大学毕业要回报社会，回报父母，甚至最卑微地想要自己养活自己，却找不到合适的工作，这是多么深重的失望啊！于是乎，很多大学生开始自主创业。随着阿里巴巴的崛起，无数大学生选择回到家乡开淘宝，把家乡的土特产或者是唾手可得的商品，用网络推送到全国各地。随着网购的热潮，相当一批大学生获得了成功，不管是从经济方面，还是从经验方面，他们都得到了比去给别人打工更多的收获。还有一些大学生，内心非常强大，找不到合适的工作，就去养猪卖猪肉，怎么说，多年寒窗苦读之后，科技含量也比传统饲养户更高一些吧，思路的打开也会使得他们的销路突破传统销路吧？的确也有一些人大获成功了，不管是养猪还是养鸡养鸭，抑或养花。

难怪人们常说，凡事就怕用心。打个不恰当的比喻，如果你一门心思地用心去做，即使收破烂，估计也能出人头地。对于大学生而言，最重要的是能否平静地接受理想和现实的差距。有些大学生，毕业之后只能留在大城市当个最底层的白领，一个月挣个三两千，住着群居房，挤着公交和地铁。可即便如此，他们也不愿意放下身价去创业，从最卑微的行业做起。一则，他们心里的梦想太高远，二则，他们的自尊让他们不好意思从事卑微的行业，另外一个最主要的原因是，害怕失败。如果有人告诉一个大学生："你去收破烂吧，我保证你五年以后身价千万，大获成功"，他会不去吗？只怕他会屁颠屁颠地去。正是因为没有人给他这样的保证，所以他害怕一辈子收破烂，所以他不敢去尝试别样的未知的生活。只是他忘记了，巨大的风险之后才能隐藏着巨大的收益，那份收益是成功的希望。这样的风险投资，对于有些人来说是资金的投入，对于大学生而言，是勇气和时间的投入。只要勇敢地迈出这一步，也许不会大获成功，但是肯定会收获很多经验。只要勇敢地迈出这一步，也许不能像小白领一样旱涝保收，却有极大的可能获得成功。这就是风险与机遇的并存。

王强大学毕业后，接连半年没有找到合适的工作。他看得上眼的公司，没有聘用他，给他发面试通过通知的公司，都是小公司，他根本不想去。思来想去，他决定自己创业。在和父母商量之后，父母愿意拿出五万块钱来给他作为运转资金，不过前提条件是，他必须认真考察市场，并且做出可行性报告。得到父母的首肯之后，王强用两个月的时间马不停蹄地考察市场，最终决定开一个手抓饼店。他考察了几十家店，发现生意都不错。因此，他决定在自己的大学附近开一家这样的店。而且，这样的店只需要十平方米左右，成本也比较低。

可行性计划书在父母那里通过后，王强就开始租店面、装修、去总部学习做法和配方。两个月之后，他的小店顺利开张了。第一天，王强凌晨四点就起床了。他紧张而又激动地等着第一个顾客上门。五点多的时候，生意来了。是一个路过的白领，她看着王强笨拙的动作，非常友善地笑了笑。一回生，两回熟，一天下来，王强已经是一个游刃有余的小老板了。每天下午四五点钟，王强简直忙死了，他的店门口排起了长龙。半年之后，王强就用自己赚到的钱在附近的大学门口开了第二家分店。从那时起，王强就是真正意义上的老板了。五年的时间里，他在很多大学门口都开了分店，把生意真正做大做强了。

现在，王强不但开展直营连锁店，还打造出了自己的品牌，也开始招加盟连锁。加盟连锁之后，他的公司发展更快了。每年，仅仅给加盟连锁商供货，他的利润就达到了几百万元。当然，他是想做长远的。每一家加盟连锁的小店，他都会亲自考察，还会不定期检查已经加盟的商户。和那些大学毕业后去给别人打工的同学相比，王强的成功毋庸置疑。

虽然儿子是个卖手抓饼的，每张饼也就是几块钱的生意，但是王强的父母逢人就会骄傲地说：“我儿子是个小老板，生意做得特别好！”

很多时候，只要迈出了第一步，剩下的就是水到渠成的事情。当然，这第一步也很重要。对于很多想要自主创业的大学生而言，最重要的就是选择好创业项目。因为大学毕业生没有资金积累，所以像王强这样选择小本经营、人气旺盛的项目就挺好。很多大学生在创业之前也许会有很多顾虑，觉得大学毕业之后不从事一个体面的工作似乎很丢人，其实现代社会崇尚能力，不管你做什么，只要是凭本事吃饭，没有人会小瞧你的。另外，创业的时候也不能急攻冒进，一步一个脚步，稳扎稳打是最重要的。

鼓起勇气吧，下一个老板就是你！

找准自己的舞台，你才能绚丽绽放

在电视或者电影屏幕上，我们看到的白领或者成功人士，都是衣着光鲜亮丽，摩登而又时尚，昂首挺胸地出入于各个耸入云霄的写字楼，写字楼基本都是玻璃幕墙，闪耀着冷峻的光芒，大厅富丽堂皇，地板能映照出人影。实际上，成功必须是出入于高档写字楼吗？成功无处不在，除了写字楼，也可能在街边，在田间地头，在很多不能算作大雅之堂的地方。

既然成功无处不在，你呢，找准自己的舞台了吗？因为潜移默化的观念，很多人都觉得成功只应该在大城市，在高档写字楼里。其实，在那些没人注意到的地方，也许更容易成功。

试想，如果你找工作的时候，幸运地进入一家几万人的大公司，那么你的出头之日必然在很遥远的未来。因为几万人里，出类拔萃的人一定很多，所以，即使你是一颗钉子，也要很久才能露出头来。因此，很多人在找工作的时候盲目地想挤入大公司，并不可取。尤其是对于刚刚毕业的应届毕业生来说，大公司往往对人员的要求也更高，除了要求学历，还要求工作经验等。相比之下，刚刚成立或者在发展上处于起步阶段的小公司就不会这么多要求，它们往往更看重员工的潜力，愿意找到能立足长远的员工一起成长。往极端里说，选择进入大公司还是小公司，其实就是一个鸡头还是凤尾的问题。对于有着远大抱负的大学生而言，也许选择和小公司一起成长，是更好的选择。

首先，刚刚毕业的大学生没有多少工作经验，在工作的过程中本身就需要边工作边学习。进入一个处处都是元老级人物的大公司，有几个人愿意耐心地教你呢？其次，大公司里能者众多，何时才是你的出头之日呢？再次，选择进入小公司，公司老板肯定更加谦逊可亲，对于你的一些不足，能够更加理解包容，能够给予你时间去成长成熟。最后，选择小公司之前，一定也要选择有发展潜力的公司，要看行业的前景及公司发展的愿景。如果做好这些，再加上你的热情和努力，想不成为公司元老都很难啊！

人们常常说，选择很重要。的确，正确的选择能够节省你在成功路上耗费的时间，缩短你艰难的路程。选择，不但要敏锐地观察和正确地预见，也要有魄力有胆识有远见。选择正确的人生舞台，事半功倍，选择错误的人生舞台，事倍功半。

大学毕业后，华勇和李强作为好朋友，一起经历了找工作的过程。也许是因为他们都足够优秀吧，他们居然同时收到了一家五百强企业的录用通知。不过，让华勇怎么也想不通的是，李强居然拒绝了这家公司。要知道，华勇可是欢呼雀跃地接受了这家公司的聘用啊，他简直怀疑自己在做梦，因为对于他们这样没有经验的应届毕业生，是很难被这样的大公司录用的。

在毕业聚会上，华勇问李强："为什么，你为什么会拒绝呢，我怎么也想不通。"李强笑着说："还有一家小公司也给我发来了录用通知。"华勇脱口而出："你脑子进水了吧，我知道你说的那家小公司，那家小公司也给我发来录用通知了。但是，那家公司刚刚成立，只有十几个人，怎么能和这家世界五百强之一相提并论呢！居然为了那家小公司拒绝了世界五百强？"李强淡然地说："这家公司虽然小，但是老板人很好，是一个真正做大事的人。他说了，我以技术入股，待满三年后，如果公司发展良好，他会给我15%的股份，让我成为公司股东。大公司虽然名气大，但是咱们进去之后就是个小职员，当不了技术骨干，成长会很慢。"他们谁也说服不了谁，只能各自安好。

转眼之间，五年过去了。和大学校园里的四年学习生涯相比，这五年更是时光飞逝。他们不仅要工作，还要学习充电。一旦毕业，才发现大学里学得太少，这几乎是每个应届毕业生工作之后的感受。在五周年同学聚会上，华勇和李强又见面了。时隔五年，华勇已经微微发福了。他现在是部门主管，比起刚毕业的时候，官升一级。不过，再往上爬也就比较困难了，就是这个小主管的位置，也是因为一个同事忽然由于家庭原因辞职，才轮到他的头上。而李强呢？此时的李强，已经成为公司副总，如愿以偿地拿到了30%的股份。经过这几年的学习和成长，老板非常器重他，除了承诺的15%的股份外，还提拔他当了副总，又多得了15%的股份。最重要的是，这五年对李强来说简直是一个华丽的蜕变。他现在俨然是老总派头，公司也已经发展到几百人。言谈举止间，当家人的风范尽显，这是给别人打工的同学们绝对没有的气质和气魄。

五年的时间，在一个岗位上，不咸不淡地耗着，很快也就过去了。在一个锻炼人的岗位上奔跑，热情洋溢地奋斗着，也很快就过去了。但是，前后二者得到的收获却是截然不同的。华勇得到的是舒适安逸的生活，李强虽然刚开始时就像赌徒一样下了注，最终的结果却皆大欢喜。只有找准了自己的舞台，你才能更加绚烂地绽放！

跳槽之后的工作一定会更好吗

对于工作，几乎每个人都有着无限的憧憬。尤其是当现在的这份工作不尽如人意的时候，我们更会展开想象的翅膀，尽情幻想着如果换份工作会怎么样？于是乎，职场上有着无数的“跳槽人”，他们不停地从一份工作跳槽到另一份工作，直到最后再找新工作的时候，一连串的跳槽，都不好意思写自己的工作经验。难道，工作经验不是越多越好吗？工作经验需要积累，所谓的工作经验丰富，虽然指的是要有相当的从业经验，但是很多公司越来越关注员工的跳槽频率。一个员工每年跳槽三次，工作经验是多，但是却样样不精通。一个员工，十年跳槽一次，跳槽原因是原公司不能提供更为广阔的舞台，这样的跳槽理由才是令人信服的。

古人常说，十年磨一剑。试想，要想锻造一把好剑尚且需要漫长的时日，更何况是适应和了解一份工作呢？对于那些频繁跳槽的人，没有公司会欢迎。因为对于“跳槽人”来说，已经没有什么工作能够真正地留住他们的心，让他们脚踏实地地去干。做一份工作，如果没有五年期，就说自己不适合这份工作，或者说这份工作没有发展前景，那是肤浅的。

很多人跳槽之后，常常会感到后悔。这是人常有的心理。人们总是把自己目前没有得到的幻象得无比美好，却对自己握在手里的不珍惜。在电影《港囧》里，徐铮饰演的男主角与初恋分开了，在与妻子结婚十几年之后，他心底里依然留存着初恋的美好，甚至因此而怀疑自己从未爱过妻子。当他历经波折终于与初恋相见之后，才发现，原来自己的感觉只是一厢情愿的，初恋说“现在这样最好”。在匪徒面前，在生死攸关的关头，他才意识到自己原来真正爱的是妻子，而妻子呢，为他默默付出那么多，却从未说过什么。其实找工作和谈恋爱是一样的。你也许觉得现在从事的工作千万般不好，而认为别人的工作才是好的，但是当你真正换到那份工作，才会意识到原来每份工作都有不为人知的艰辛，甚至后悔莫及，觉得之前的工作更好。

每一次跳槽，你都将会作为一个新进员工出现在新公司里。所以，短期内，千万不要觉得你会多么出色，也不要奢望得到多么丰厚的回报。每一个公司，最重用的都是元老。当然，有一种情况例外，就是你是被猎头挖入新公司的。这样的情况必须有个前提出现，那就是你是很多家公司争抢着要的“人才”。试问，有几个人能拍着胸脯说自己是“人才”呢！大多数人都得脚踏实地地干，才能得到领导的赏识和认可。所以，每次跳槽都相当于一次清零——工作时间的清零。到一个新公司，必定工作时间要重新积累。如果一个人不停地跳槽到六十岁，那么他就是永远的新人。由此可见，跳槽的代价是多么惨重啊！

珍珍在一家公司当文秘，已经四年多了。这是她大学毕业后的第一份工作，所以她非常用心地去做，工作尽心尽职。然而，四年多来，珍珍其实已经有点儿厌倦了这样的工作。每天都是千篇一律地处理文件，有的时候办公室有杂事，老板也会叮嘱她去做。就这样，她产生了跳槽的心思。跳槽做什么呢？珍珍想了很久。她不想再做文秘的工作了，她想转行做销售，因为她的几个同学做销售，都已经有房有车了。珍珍决定挑战自己。

跳槽之前，虽然珍珍已经做好了心理准备，但是当真正开始从事销售工作时，她才知道压力有多大。原本，她很羡慕买车买房的同学，现在，她却更加深刻地意识到收获之前必然有着巨大的付出。没完没了地出差，很多节日都是在火车或者飞机上度过的。工作的时候，要不停地请客户吃饭，有的时候还会遭遇客户的闭门羹。对于那些业绩好的同事，要仰视。而如果自己业绩不好，还会常常被别人鄙视。短短一年时间，珍珍不但没有挣到钱，还得了神经衰弱。同学劝她："不行的话，还是干回老本行吧。这个行业压力大，你干着太累了。通俗地说，这个行业不是女人干的，即使是女人，也要当男人用。"

在同学的劝说下，原本苦苦支撑的珍珍决定再次转行。她回到了之前的公司，发现原本在自己手下的一个小文秘，居然已经当上了办公室主任。毫无疑问，如果自己当时能够再多坚持一些时间，这个办公室主任的位置肯定是她的。无奈之下，珍珍只有从头开始。

当文秘的珍珍羡慕做销售的同学买房买车，自己真正去做的时候才发现，不是所有人都适合做销售。有的时候，看别人挣钱很容易，自己挣钱却很难。其实，别人挣钱也未必容易，只因为你不是他，所以你不知道他的艰辛。

因为中途离职，珍珍只能一切从头开始，给自己之前带的“新人”当下属。很多时候，跳槽的代价就是这么惨重。所以，千万不要轻易跳槽。一个行业，一份工作，没有五年以上的时间，我们谈不上对其了解多少。

目标不需要太远大，切合实际才是好

随着社会的发展，人们的野心也在急剧膨胀着。越来越多的人怀揣远大的理想，恨不得自己就是下一个李嘉诚，下一个比尔·盖茨，下一个莫言……志向高远没有错，不过，如果志向过于远大，就会变得很渺茫，看起来无法实现的目标，不能有效地激励人们的斗志。

举例来说，对于一个作家来说，如果给自己定一个目标——每个月完成10万字的书稿，这是可以实现的。但是，假如这个作家立下伟大的目标——每个月完成100万字，那么最终的结果就是，他连一万字也没有完成，因为目标太大了，他根本无法完成，所以就选择了放弃。这就是人们的叛逆心理。虽然目标是自己订立的，但是依然无法摆脱这样的心理。所以，在设定目标的时候，我们应该根据自己的实际情况，为自己设定一个通过努力能够实现的目标。只有这样的目标，才能有效激励我们，向着目标前进。形象地说，就像爬泰山。不管我们多么心急，也必须一步一个台阶地往上爬，而不能奢求一步登天。如果有人要求你一步登天，你一定会放弃，因为这个目标是不可能实现的。所谓的目标，一定要是切合实际的、通过努力能够实现的。

20世纪80年代，日本有一名马拉松运动员，叫山田本一。山田本一原本默默无闻，正是因为在1984年的东京国际马拉松邀请赛中一举夺得冠军，才被大家所熟悉。在接受记者采访时，对于记者的提问——“您好，您是如何取得冠军这么好的成绩的？有什么经验可以分享吗？”身材矮小的山田本一淡淡地说：“凭借智慧。”听到他的回答，大多数人都觉得他是在故意卖关子。要知道，马拉松比赛不但需要耐力，还需要超强的体力。如果没有很好的身体素质和超强的坚韧力，很难取胜。在这样的比赛中，速度不是最重要的，爆发力也不那么重要，所以，说仅凭智慧取胜，真的有点儿故弄玄虚的意思。

1986年，山田本一再次出人意料地夺得意大利国际马拉松邀请赛的冠军。这次，记者寻根究底，不想再轻易放过他。因此，记者问他：“两年前，在日本的马拉松邀请赛上，你获得了世界冠军。这一次，你不远千里来到了米兰，居然再次获得冠军。这次，你可以分享下你成功的经验吗？”

山田本一木讷寡言，和两年前在日本夺冠时一样，他依然莫名其妙地说：“凭智慧取胜。”这一次，虽然记者依然困惑不解，却没有再次在媒体上质疑他。直到十年之后，山田本一才在自传中公布谜底。他在自传中写道：“每次参加比赛之前，我都会认真熟记比赛的线路以及沿途非常抢眼的标志，为了记得更加清楚，我还会把它们一一画出来。例如，第一个标志是银行，第二个标志是一棵郁郁葱葱的大树，第三个标志是一座被刷成红色的房子……依次下去，我会一直画到终点。发令枪响起之后，我马上就会以百米冲刺的速度奔向第一个目标。到达第一个目标之后，我再以第一个目标为出发点，以百米冲刺的速度奔向第二个目标。以此类推，全程四十多公里的赛道，我就这样以若干次百米冲刺跑完了。正是这样的分解，使我夺得冠军。刚开始跑步的时候，我不明白这一点，常常把终点当成自己唯一的目标。然而，跑了没多久，我就会累得气喘吁吁的，根本没有力气继续跑下去。后来，我想明白了，我是被那漫长的赛道吓到了。分解之后，这样的困惑不再存在，我跑起来也更加轻松了。”

山田本一能多次夺得马拉松长跑的冠军，就是因为他给自己设定了一个目标。人生也和跑马拉松一样，不但需要耐力和体能，也需要在为自己设定目标时，要考虑到实际性和易实现性。这样你才会被激励着不断向前，实现下一个目标。只有更好地设定人生的节奏，才能完美地跑完一生。所以，千万不要一开始就给自己设定一个终极目标，否则只会使自己在半途就产生退缩的心理。相反地，把远大理想分解成一个个近期能够实现的目标，像山田本一一样，实现一个目标之后再去实现下一个目标，理想的实现就会变得轻松一些。

人的心理是很容易受到暗示的，与其设定一个远大目标让自己在挫败感中生活，不如设定一个近期目标，让自己在一次次成功的喜悦中再接再厉，继续努力拼搏！

考研还是工作，根据自己的情况来定夺

在大学校园里，对于很多大学生而言，永远有一个千古难题——到底是考研还是工作？其实，我们之所以被这个问题困扰，就是因为没有想明白考研的目的。现代社会，就业形势越来越严峻，很多大学毕业生找不到理想的工作，因此就以考研为逃避，希望在学校再学习一段时间，当然，他们也寄希望于通过提升学历，找到更好的工作。其实，想找到好工作并非一定要考研。对于一家用人单位而言，如果一份工作只需要本科学历的人就能胜任，那么他们绝对不会非要雇佣一个研究生来做。因为研究生对薪资的要求必然更高。用人单位也需要考虑成本，不会一味地追求高学历人才。

从另外一个角度来说，如果一个岗位本科学历也可从事，研究生学历也可从事，那么他们一定会倾向于一个有经验的本科学历，而不会盲目为了高学历而聘用研究生。这是因为很多用人单位都不想要一个刚刚毕业没有任何经验的学生，而希望聘用一个有一定工作经验的人，这样工作起来更加得心应手，

单位也会省去很多麻烦。

其实，对于很多想从事学术研究的学生来说，考研还是很好的选择。因为如果想一直走学术路线，研究生的学习对未来职业生涯的发展还是非常有好处的。由此可见，选择考研，还是选择就业，其实是根据个人的不同情况以及工作的性质决定的，不能一概而论。

米粒和麦穗是师范大学的大学同学。大四实习的时候，她们进入同一家单位实习，也常常结伴找工作。就业形势真的是越来越严峻，找了一段时间的工作，米粒和麦穗才收到一所初中的录用通知。

收到通知后，米粒和麦穗高兴极了。不过，米粒的父母想让米粒考研。因为米粒学的是师范专业，父亲坚持认为提高学历，对她未来的职业生涯更有好处。至于麦穗，则迫不及待地想要工作。她说不想再和父母要钱了，要自己养活自己。就这样，米粒考上了首都师范大学的研究生，麦穗则留在了那所中学任教。

三年的时间很快就过去了，似乎就在弹指一挥间，米粒研究生毕业了。因为在读研期间表现突出，她被留在首都师范大学任教。而麦穗，在这几年的时间里，也因为教学突出，成为了学校的教学骨干。十年同学聚会时，麦穗和米粒又见面了。此时，米粒成为了学校的指导员，担任学生工作，麦穗也成了年级语文教学主任。

对于她们来说，可能无所谓好坏，只看个人的人生追求。有人追求轰轰烈烈，有人追求安安稳稳，只要自己内心安然就好。

和米粒相比，朱朱就没有那么幸运了。

朱朱大学毕业的时候，找工作还是相对比较容易的。但是她想提升自己的学历，所以在其他同学都纷纷就业的时候，她选择了读研。

三年的时间过去了，朱朱研究生毕业的时候，研究生已经不像三年前那么炙手可热了。很多单位不再盲目追求高学历，而是人尽其用。朱朱找工作费尽了周折，足足过了半年，才进入心仪的单位。进入单位的第三天，她惊讶地发现，她的大学同学晓雪就在这家单位，而且是她的部门主管。原来，在她读研的三年里，晓雪已经完成了华丽的蜕变，从刚刚进单位的一个新人，身经百战，变成了一个干练果敢的女强人。看着自己的学历虽然提升了，但是却屈居晓雪之下，朱朱心里未免有些失落。然而，现实就是如此残酷，面对各家单位问她有没有工作经验，她只能说没有。对于单位领导而言，谁又会对一个高学历无经验的应届毕业生委以重任呢？！只有在工作中慢慢证明自己的能力，才有可能得到认可和展现的机会。

以朱朱的能力，当初如果没有读研，而是直接工作，想必现在的职位也不会比晓雪低吧。所以，同学们，如果你们不是因为学术需要，完全不必盲目读研。要知道，读研在提升学历的同时，也付出了很大的时间成本。如果你们想要在职场上有更好的发展，把读研的时间用来积累工作经验也是不错的选择。

考研还是工作，决定权在于你哦！

常常问问自己：我想要的是什么

很多人活着就是随大流，别人有的我也要有，别人做的事情，不管我是否需要，我也得去做。不说别的，就说近些年来流行的出国热潮吧，无数的孩子，在家长砸锅卖铁、省吃俭用的决心中，出国留学。出国留学真的适合每一个孩子吗？在十几岁最容易受到不好影响的情况下，孤身一人去到举目无亲、语言不通的国外，甚至还不知道如何照顾自己，就要独自面对一个陌生强大的国度，一个人艰难地生存，适应不同的语言环境，适应不同的教育风格，适应不同的学习节奏。最终，结果如何？再说说更小的孩子的命运，三岁学琴，四岁练舞，五岁开始补习英语，更有心急的，娘胎里就开始胎教。进了幼儿园之后，音乐、美术、舞蹈、英语，齐上阵。再到了小学，奥数班、作文班、英语班等，一样不能落下。现在还有几个父母是基于孩子的兴趣去选择兴趣班，又有几个父母在孩子接受义务教育之后淡定地没有报补习班的？我们已经完全不知道自己想要什么了，只知道跟随着别人的脚步，一刻不停地朝前走。

那么，活着如何实现幸福呢？幸福不是跟着别人亦步亦趋，而是满足自己的内心。现代人之所以距离幸福越来越远，就是因为不明白自己的真心。试想，你得到的都是别人想要的，你能幸福吗？所以，幸福的真谛在于得到自己所想要得到的，幸福的前提条件就是清楚自己的内心。在忙忙碌碌的生活中，我们不妨停下，安静下来，问问自己："我想要什么？我想要怎样的生活？"如果你喜欢忙碌和快节奏的生活，那么你尽可以削尖了脑袋往大城市挤，如果你喜欢安静的生活和闲适的情趣，那么你不如退居二三线城市，在工作之余，做做自己想做的事情。如果你追求物质的极大满足，那就要不遗余力地挣钱，如果你觉得给家人的陪伴比一切都重要，那么就不要奢望在物质上多么奢侈。幸福的衡量不完全在于物质的丰足，而在于人心之所向。

刘烨是在上海读的大学。大学毕业后，他留在了这所繁华的大都市。每天，他和大多数人一样，过着快节奏的生活。早晨五点起床，乘坐渡轮过江，再坐地铁辗转来到公司。虽然公司规定是六点下班，但是不加班的日子几乎没有，所以，刘烨的夜晚总是在地铁和渡轮上往家奔波。毕业几年来，他几乎从未看过电视，到家倒头就睡。即使节假日，公司也常常加班，所以，他已经两年没回云南老家和父母一起过年了。

又是一年春节，刘烨加班干完手里的活儿，只有三天的假期，即使乘飞机，也来不及往返家中。因此，他只能再次在电话里给父母拜年。电话那头的妈妈哽咽着说："宝儿，你都三年没回家过年了，我和爸爸都快忘记你长什么样子了。我们俩过年，一点意思都没有，连年夜饭都不想做了。”听到妈妈的话，刘烨潸然泪下。他不是一个孝顺的孩子，他让父母伤心了。

经过一段时间的考虑，刘烨辞去了上海的工作。他带着在上海打拼这几年的积蓄，回到四季如春的云南老家，开了一家茶馆。爸爸妈妈每天在他的茶馆里帮忙，一家三口守着茶馆，守着云南的一米阳光。从快节奏的都市生活一下子坠入凡尘，刘烨开始的时候颇有些不适应，然而，他很快就喜欢上了这种慢节奏的生活。几年之后，他结婚成家，有了孩子，每天都有几个小时的时间陪伴孩子，在茶馆的院子里种花养鱼，陪伴父母晒太阳。刘烨知道，自己虽然失去了繁华若梦的上海，却得到了更多金钱买不到的美好感受。

其实，刘烨骨子里还是喜欢这样慢生活的，也非常孝顺父母。假如现在换一个人，换一个喜欢都市生活的人突然坠入凡间，也许恨不得马上就回到大上海去，继续坐渡轮，挤地铁，抢电梯打卡。这就是每个人的追求不一样，所以对于幸福的定义也不一样。

不仅工作如此，生活如此，在很多事情上，人和人之间都存在着这样的差异。你要问问自己，你现在的生活是不是自己想要的，如果不是，那么你想要的生活是怎样的。

人生，如白驹过隙。我们只有及早活明白了，才能更好地享受人生。

第5章

静下心来，脚踏实地做事才不会迷失

现代社会，发展日新月异，生活节奏越来越快，很多东西都进入了“方便面”的快熟时代。然而，有些东西是需要时间的历练和酝酿的。比如工作，比如学习，任何人都无法一蹴而就。比如友情，比如亲情，也需要经历时间的酝酿才能越发醇厚。所以，我们依然需要静下心来，做人，做事，脚踏实地，才不至于在浮躁中迷失了自己。

你才是自己永久的老板

生活中，除了少部分人自己创业当老板之外，大多数人都是给别人打工的。然而，不管是自己当老板也好，还是给别人打工也好，无一例外都要有老板心态。何为老板心态？从贬义的角度来说，是把自己放在高高在上的位置上，以老板自居，对别人颐指气使。在现代职场上，老板心态指的是一种大处着眼、小处着手的精神，是一种高瞻远瞩的实干精神。

真正的老板，有老板心态，才能干些实事，以身作则，带着手底下的人脚踏实地地干，拼搏奋斗。对于给别人打工的人来说，也应该怀抱着老板心态。只有这样，你才能把老板的钱当自己的钱，把老板的事当自己的事，切实把工作做好。对于有老板心态的员工，即使只是做着最简单的工作，如秘书、收银员、仓库保管员等，也能干出与众不同的成绩。有着老板心态的人，还具有一定的责任感、使命感，他们以最严肃认真的态度，做最小的事情。不管他最终当不当老板，都必定能够做出一番事业。

在职场上，很多人不能出类拔萃，就是因为缺乏老板心态，始终把老板和自己分得很清楚，致使自己变得庸庸碌碌。大多数的职场人士，都觉得自己是在帮老板打工，看到老板挣钱了，他们还会“眼红”，觉得老板之所以挣钱，就是因为有他。殊不知，地球离了谁都照转。没有他，老板也还是照样赚钱。这样的人把自己看得太重，看得不可或缺，只想到是他成全了老板，却没有想到是老板搭建的平台成就了他。

李杜和赵刚是同一个部门的小职员。他们进公司后，干着相同的工作。每天的工作都很琐碎，就是处理各个部门的报表，进行货物的协调。对于这份工作，李杜早就怨声载道了。他觉得自己一个大学毕业生，做这种没有技术含量的工作，简直是屈才。赵刚呢，比较内向，话也少，总是闷不吭声地干活，很少发牢骚。

去年，公司的销售业绩非常好，很多销售部门的同事都拿到了大额奖金，而李杜和赵刚因为是在后勤，只拿到了象征性的一点儿奖金。对此，李杜更加愤愤不平了。赵刚却说：“没关系，虽然奖金少，但是我们经过这一年的工作，有了很多收获啊。现在，对于公司在全国各个城市的销售额，我们都有了一定的了解，这可不是人人都知道的商业机密啊。”赵刚半开玩笑的调侃话并没有平复李杜的心情，拿完年终奖没几天，李杜就辞职了。他还鼓动赵刚：“赵刚，你也跟我一起辞职吧，看看如果没有咱们俩的配合，销售部的人还怎么调货！”赵刚摇摇头：“我对这份工作刚刚熟悉一些，还是先不动了，我想在这个岗位上再做几年，这样，我会对全国的营销和供货情况都有一定的了解。”

李杜辞职后，公司又招来一个大学毕业生，作为赵刚的副手，配合赵刚一起负责全国调货。几年之后，随着公司的发展越来越好，专门成立了相关部门，而赵刚则是当之无愧的部门主任。又过了几年，因为赵刚对公司在全国的部署非常熟悉，居然被破格提拔为华东地区运营总监，负责整个华东地区的运营。而李杜呢，期间又换了好几家公司，活儿干得没多好，却总是不停地抱怨，觉得自己的付出没有得到回报。时至今日，他依然是个小职员。

赵刚和李杜的命运之所以反差如此巨大，就是因为心态。李杜始终把自己当成一个给老板打工的，时时处处都觉得自己做得多，得到的少。而赵刚呢，能够积极地调整自己的心态，看到公司提供给自己的平台，除了有经济上的收获之外，还有很多经验的积累，并且还有难得的机会了解公司在全国的营销和调货情况。所以，李杜才能抓住机会，成就自己。

在千军万马齐过桥的职场上，每个人都八仙过海，各显神通。然而，职场是很残酷的，即使有个别人靠着特殊的关系一步登天，大部分人也依然要凭借真本事。职场中的优秀者之所以凤毛麟角，就是因为真正把自己当老板的人太少。他们当一天和尚撞一天钟地潦草度日，怎么可能把工作做成事业呢？真正的聪明人，即使现在还不是老板，也要把自己当老板。因为只有把自己当老板，你才有可能有朝一日变成真正的老板！

别让浮躁使你看不清自己

社会发展的速度越来越快，人心也在快节奏的生活中变得越来越浮躁。浮躁，已经成为当代的社会病。因为浮躁，人们变得人云亦云，失去了自己的言论和思考；因为浮躁，人们越来越追求刺激，再也静不下心来看看自己，审视自己的内心；因为浮躁，爱情也进入了方便面时代，离婚结婚不再是人生大事，还有几个人愿意穷尽一生尽得一人心？浮躁就像是一种迅速蔓延的疾病，把我们生活的方方面面都搅和得乱七八糟，人仰马翻。浮躁比疾病更可怕，得病了，我们会想着去治疗，但是，很多人往往意识不到浮躁的存在以及它带来的危险。从这个意义上来说，浮躁是隐形杀手。

对于社会来说，浮躁更是一个大毒瘤。浮躁在社会中蔓延，传染到每个人的身上，人们再把浮躁更加渗透进入社会的内部，使浮躁在整个社会根深蒂固。现如今，搞学术的，做建筑的，教书育人的，大街上讨生活的，不浮躁的都是真正的精英。尤其是官场上，总是信奉“新官上任三把火”的潜规则，也不管这火是不是老百姓真正需要的，都要先把自己的面子工程搞上来再说。其实，如果内心真的能安定下来，面子有什么重要的呢？人活着，尤其是为官者，最重要的是对得起自己的良心，对得起人民百姓的信任。

小到个人，浮躁也是大大要不得的。人生之中，除了嬉笑怒骂之外，每一件正经事都应该认真去做。你不认真对待生活，生活也必然不会认真对待你。所以，生活的态度应该取决于我们自己的内心，而不应该受到别人的影响。浮躁的人，非但看不清自己真实的内心，还常常会犯骄傲自大的毛病，严重的自负甚至导致巨大的失误。他们听不进去别人真诚的意见和建议，一味地认为自己是正确的。试想，三个臭皮匠还顶个诸葛亮呢，难道你比诸葛亮还厉害吗？人活着，要想少犯错误，就一定要自省，而一颗浮躁的心是不会自省的。

黄绢在一名中学当老师。自从任教以来，她始终任劳任怨，坚守在教育岗位。转眼之间，她在教育工作岗位上已经十几年了。今年年底，学校里要评选三名优秀教师，上报市教育局，据说，优秀教师不但分房子排在前面，还能去大城市学习呢。

学校里的老师为此议论纷纷，黄绢却很淡定，她知道，凭自己的资格，应该是能评上的。然而，时间一天天过去，学校迟迟没有公布评选结果。有好事的老师在黄绢面前说："黄老师，你知道吗？听说这次评选优秀教师，教育局李局长的儿媳妇很想上呢！我觉得，她比你的资格可差远了。但是，现在迟迟没有公布评选结果，就是想找个什么借口，让李局长的儿媳妇上。你啊，可也别总傻等着，活动活动，赶紧去活动活动！"

听了同事的话，黄绢老师有点儿心慌呢！她家里一直住着学校的老宿舍，老少六口人，早就住不下了。这次评优，对她很重要呢！思来想去，她沉不住气了。当天晚上，她就买了一些礼品，去了校长家。校长一看黄绢，心里就明白了她的来意，不由得笑着说："黄老师啊黄老师，我一直觉得你是我们学校最有实力最淡定的老师。怎么着，你不相信我，还不相信你自己吗？"校长话音刚落，黄绢的脸就红了起来，她拎着礼品站在那里，走也不是，留也不是，不由得埋怨自己为什么变得如此浮躁了。

原本胜券在握的事情，经由同事有鼻子有眼地一说，黄娟老师变得浮躁起来了，所以当晚就拎着礼品去了校长家。其实，她尽可以一直淡定下去，毕竟，她的实力是有目共睹的。不过，这也不能怪黄绢老师，毕竟这次评优和全家人居住条件的改善都息息相关呢！难怪曾经有个教育家说过，很多处事的圆滑手段，很快就能学会，而只有那些深入骨子里的高傲与淡定，是需要穷其一生去丰富的。

生活忙忙碌碌，你有多久没有听到自己骨节生长的声音了？人活一辈子，很多地方都可以弯曲，唯有骨气不能弯曲。正直有骨气的人，不会因为外事外物的影响而变得浮躁，因为他们的内心根植着高傲。

生活需要的是实干家而不是空想家

在一幅漫画上，画着三只公鸡和一只母鸡。三只公鸡都很骄傲，有着漂亮的羽毛和血红的鸡冠。第一只公鸡说："我要努力下蛋。"第二只公鸡说："我要专心下蛋。"第三只公鸡说："我一定能下蛋。"那只母鸡呢？她什么也没说，而是默默地下了一个蛋。三只公鸡，即使说再多假大空的话，也没有一只母鸡那么富有实干精神。如果世界上都只剩下公鸡，那么谁来下蛋呢？所以，世界上只需要很少的公鸡负责打鸣就好，而需要多多益善的母鸡，为人们多生产一些富含营养的蛋。

人这一辈子，说长很长，说短很短，无非就是一睁眼和一闭眼的距离。如果每一次睁眼闭眼之间，我们只顾着说些假大空的话，而没有做任何实事，那么我们的一生就虚度了。

现实社会，尤其是在职场上，有很多的空想家。他们在工作上表现平庸，干起活儿来总是吝惜力气，他们唯一大方的就是付出唾沫星子。不管说起什么话题，他们总是侃侃而谈，似乎他们是演说家，有无数的真知灼见要告诉大家，又似乎他们是无所不知的哲学家，有很多人生的哲理要向世人撒播。第一次听这样的人说话，你也许会热血沸腾，但听过几次之后，你便会厌倦，因为你知道，与其这么长篇大论，不如干点儿实际的工作更有意义。那么恭喜你，你正在朝着实干家靠拢。最起码，你知道做比说重要，说得再好听，做不到也是空。

在漫无边际的大森林里，有一只小狮子和它的父母一起生活。它的父亲老狮子是森林之王，每天都威风凛凛，百兽无不臣服。看到父亲这么威武，小狮子激动地想："等我长大了，也要当百兽之王，就像父亲一样，让百兽全都臣服于我。”从此之后，小狮子每天都在全心全意地思考一件事，就是如何成为百兽之王。有的时候，妈妈让它帮忙做些事情，或者小伙伴喊它一起练习奔跑，它总是摇摇头，说：“我怎么可能去干那些小事呢，我可是百兽之王的儿子啊，我以后也要成为百兽之王。”日久天长，百兽都暗暗笑话它，讽刺它是“空想家”。

有一天，悠闲的小狮子去山下玩，遇到了一匹老马。老马看到小狮子悠然自得的样子，不由得批评了它几句。不想，小狮子马上为自己辩解道：“我当然愿意干事情了，只不过，生活里都是一些小事，我要干惊天动地的大事！”老马沉思片刻，带着小狮子回到家里，拿出一包花种子让小狮子种到地里。老马告诉小狮子，这花非常名贵，如果能让漫山遍野都开满这种花，一定会惊天动地，让百兽臣服。

小狮子以为种花很简单，因此不以为然地说：“这事好办，把它埋进土里浇水，等着它生根发芽开花就行了。”

老马笑着问：“那它们岂不是要在土里很长时间？”

小狮子不明就里，不假思索地说：“当然要埋在土里，不然怎么生根发芽开花呢？”

老马乘机点醒小狮子说：“哦，你可真是个聪明的孩子，这就是出人头地的方法啊！”

“嗯，唔，唔……”小狮子的脸红了。

要想出人头地，我们首先要做的不是夸夸其谈地去说，而是脚踏实地地去做。说，谁都会说，而且一个说得比一个好听。唯有做，才是展现真本领的时候。任何时候，我们都应该戒除骄躁，认真做人做事。故事中的小狮子，虽然有着远大的理想和抱负，但是却不愿意从小事做起，锻炼自己的能力，那么，不管到什么时候，都无法获得成功。幸亏老马伯伯非常聪明，用种花的道理教导了小狮子，使它认识到自己的错误。

在职场中，做人做事也是同样的道理。如果只说不做，即便你口若悬河地说上三天三夜，大家也会觉得你是中看不中用的绣花枕头，而且你说得越好，未来别人对你的心理反差就越大。与此相反，如果你只做，不说，或者做完了再去说，那么大家才会打心眼里佩服你，认可你，知道你是个真正有能力的实干家。记住，不管在哪里，实干家永远比空想家更受欢迎！

对于职场来说，你的能干还远远不够

现代社会，职场求职的时候并不仅仅考察学历。在有了学历这块敲门砖之后，在经过初试参加复试时，负责人力资源的人更多地会考查能力。所谓能力，就是实干的本领。然而，在真正进入工作单位之后，你又会发现，能干也并不是最重要的。那么，最重要的是什么呢？首先，是踏实肯干；其次，是恰到好处的人际关系；再次，是资历。

如果你能力的确很强，进入公司之后，在某一次危机中表现出超前的专业能力和高超的领导能力，但是你干起活儿来却三天打鱼两天晒网，那么对不起，公司需要的是能够持续贡献能力的人，而不是一个高兴了就表现一下，不高兴就消极怠工的人。公司的运转需要持续的动力，所以要求每一个职员都能持续不断地努力，从而带动整个公司良性发展。

如果你能力的确很强，也能够踏踏实实地一直保持强劲的动力，但是你却是个“刺儿头”，说得好听点儿，也可以叫作恃才傲物。你藐视一切，甚至包括你的顶头上司。你的每个同事都不愿意与你合作，既然你凭着自己超强的能力可以搞定很多问题，但是一定不会得到重用。因为现代社会的工作模式，是合作。一个人再怎么强大，力量也是有限的，只有和团队成员精诚合作，才能发挥更大的能量，为公司创造更大的效益。你需要记住的是，公司不会为了成全你的特立独行，而得罪整个团队。

要想在公司里平步青云，除了有能力，有团队协作力之外，还要有资历。所谓资历，就是你来公司的时间长短，以及你为公司做出了哪些贡献。除非是找猎头专门挖来拯救公司的“能人”，否则公司一般不会把重要的职位交给一个新人。俗话说，路遥知马力，日久见人心。要知道，公司与新人也需要一个磨合和适应的过程。公司会花很长的时间考察员工的各个方面，从而决定是否重用员工。有的时候，这种考察还会在危难之际进行。所以，正如前文所说的，员工不应该频繁跳槽，因为每次跳槽，都会把自己在一家公司工作年限和贡献的积累清零。

张明的能力很强，也非常勤奋肯干。然而，公司几次提拔中层管理者，都没有他。张强终于按捺不住，问了一个之前的同事、现在的顶头上司黎明，黎明告诉他："张强，其实你个各个方面都非常优秀，工作能力强，人也勤快干练，但是，你有一个致命的缺点，你知道是什么吗？"张强疑惑地摇了摇头。黎明接着说："这个缺点就是，我说了你可别生气啊！"张强说："你说吧，我不会生气的。你说了，是对我好。要不然，看着你们一个个地高升飞走了，老人就剩我自己了，我也很郁闷呢！"黎明继续说："你的缺点，就是你的人际关系。你看看，在部门投票评选的时候，你的得票永远是最差的。虽然你在工作上的表现无可挑剔，但是你这样的人际关系，是很难得到提拔的。"张强郁闷地说："但是，公司不是凭着能力提拔吗？即使人际关系再好，能力不够也没用啊！而且，我的人际关系也不是不好，只是我不喜欢和别人打交道。我总觉得做好自己的事情就行了。"黎明轻轻摇了摇头，说："你看你，你看你，你还是意识不到这个问题的严重性。你知道吗，作为一名管理者，人际关系的能力和工作的能力是同样重要的。你知道吗，当你到了管理岗位之后，你就会发现，一个合格的领导者，不但自己的能力强，还要能把一群能力都不错的人团结在自己的身边，成为一个凝聚力和战斗力都很强的团队。"

听了黎明的话，张强茅塞顿开。在之后的工作中，他不再只顾着埋头苦干，而是也注意和同事之间搞好关系，积累了丰富的人脉。果然，一年多之后。在公司的又一次人事调整中，他如愿以偿地升任部门主任的工作，而之前担任此工作的黎明也官升一级。现在的张强，不但凭借出色的工作能力在下属之间树立了威信，也常常和下属沟通感情，加深关系，让自己所带领的团队越来越强大。

能力固然很重要，更重要的是，要把有能力的人都吸引到自己的身边，让他们为自己所用，这样才是一名合格的管理者。意识到这一点后，张强才走上了平步青云之路。事实确实如此，职场的关系有的时候非常微妙。在职场中，有些能力强的人处处炫耀自己，目中无人，殊不知已经在不知不觉中树敌无数。职场中，真正的牛人是，明明能力很强，但是却非常谦逊，从不吹嘘炫耀，而是依然做着自己该做的事情，不让任何同事觉得他难以相处。相反，他会用自己的能力吸引大家来到他的身边，与他共同进步。

人生路上的坚持，才能铸就成功

在人生的道路上，要想取得成功，最重要的是什么？能力、才华、聪明、智慧、人际关系、人脉资源、努力、勤奋，还是有一颗经常灵光闪闪的头脑？这些都很对。但还有很重要的一点，那就是——坚持。不管你是自己创业当老板，还是在公司里当一个普通的职员或者身居要职的管理者，抑或你在生活里，面对友情、爱情和亲情，不管做什么事情，要想成功，都离不开坚持。你不坚持，无法跑完爱情的马拉松，迎来幸福美满的婚姻；你不坚持，无法熬过创业初期最艰难的时刻，迎来柳暗花明的成功；你不坚持，不能在误解中继续证明自己，最终获得公司领导的赏识和提拔……就像失败是成功之母一样，你只有坚持，才能度过种种艰难的时刻，迎来你想要的结果。

不能坚持的人，往往半途而废。没有顽强的毅力，使他们一遇到困难就想退缩。不是有位名人说过嘛，困难像弹簧，你弱它就强。只有我们足够坚强，困难才会在我们面前知难而退。当然，所谓的坚持并不是固执。固执是不论对错的盲目坚持，我们所说的坚持，是在分析现实情况之后做出的理智决定，是一种明智的坚持。可以说，古往今来，任何成功都离不开坚持。没有坚持，司马迁无法完成巨著《史记》，李时珍无法耗费半生完成《本草纲目》，莫言也不可能获得诺贝尔文学奖，华罗庚不可能成为伟大的数学家……任何伟大的成就背后，都写满了坚持的血泪。每一条成功的道路上，都不会是一帆风顺的坦途，每一个成功者的背后，都绝不仅仅是鲜花和欢乐。伟人尚且如此，更何况是我们呢？所以，我们应该更加努力和勤奋，更加坚持不气馁。只有这样，我们才会更加接近成功。

从前，有个牧羊人非常贫穷。每次放羊，他都带着自己两个年幼的儿子。

一个阳光明媚的午后，牧羊人带着儿子，赶着羊，来到了山坡上。他们把羊引到水草肥美的地方吃草，便躺在草地上晒太阳。突然，天上飞过一队大雁。大雁排着整齐的队形，很快就消失在茫茫的天边。小儿子问牧羊人："爸爸，大雁去哪里啊？"牧羊人回答："天渐渐冷了，大雁要飞去温暖的南方，在那里，它们不用担心挨冻，可以度过一个温暖的冬天。"听到牧羊人的回答，大儿子的眼里泛着光，兴奋地说："如果我能飞，那就太好了！"小儿子也激动地说："哥哥，哥哥，我也想飞！"

牧羊人沉默片刻，告诉儿子们："只要你们特别特别想飞，你们就能飞了。"

儿子们听到父亲的话，都站了起来，迫不及待地张开双臂，想飞起来。然而，他们试了很多次，都失败了。他们疑惑不解地问牧羊人："爸爸，我们真的真的很想飞，为什么还没飞起来呢？"牧羊人说："让我试试，一定能飞起来！"说完，牧羊人也张开双臂，尝试着飞翔。然而，他飞了很久，都没有飞起来。不过，他毫不气馁，而是对儿子们说："孩子，我年纪太大了，所以飞不起来。但是你们还很小，只要你们想飞，是一定可以飞起来的。到时候，你们不管想去哪里，都可以飞过去。"

就这样，牧羊人在两个儿子的心里种下了飞翔之梦。儿子们始终记得父亲的叮嘱，而且不停地练习着飞翔。他们不停地遭受失败，不停地受到打击，但是从未放弃过。他们的坚持最终换来了回报，有一天，36岁的哥哥和32岁的弟弟真的飞起来了，他们是乘坐自己发明的飞机实现飞翔之梦的。他们，就是美国的莱特兄弟。

如果说各行各业都需要坚持，那么无疑，发明创造是最需要坚持的一项事业。进行发明创造的人，一定是在经历过无数次的失败之后，才找到一丝丝胜利的曙光，而从发现曙光到真正走向胜利，又是一个漫长艰辛的过程。

作为世界上唯一两次获得诺贝尔奖的女科学家，居里夫人把自己的一生都献给了科学事业。为了研究，她经常接触放射性物质，最终患了白血病，失去了宝贵的生命。居里夫人的研究经常遇到困难，有的时候一项实验反复进行成千上万次也未必能够成功，但是她却坦然面对，继续努力，从不曾放弃。正是因为这样的精神，她才在人类的科学史上留下了自己的名字。

作为一名普通人，虽然我们不会像伟大的科学家、发明家那样青史留名，然而，在我们普通的人生之路上，我们依然希望自己能够得到更多的成功。这样的成功也许不会惊天动地，但是却使我们的人生变得更加绚丽多彩，更加有滋有味。所以，不管做什么事情，只要我们选择了，就应该坚持。不坚持，唯一的结局就是半途而废，一事无成，唯有坚持，才能让我们距离成功近一点儿，再近一点儿，甚至直达成功。

别嫌弃，小工作可能成就大梦想

职场中，很多人都有一个通病，即眼高手低。其实，在进入职场之前，每个人都怀揣着美好的理想。人们往往把工作想得很美好，觉得工作应该是非常充实的，付出就马上能够得到回报的，有着良好的办公环境，每天就像电视上展现的白领一样衣着光鲜地出入于高档写字楼，同事之间应该非常和善，团结友爱，领导呢，也会像父母一样了解和体谅我们……诸多美好的愿望，使得我们在找工作的时候也就无形中提高了对工作的要求，觉得一切都应该是非常美好和完美的。实际上呢，对于应届毕业生而言，找工作的难度很大，因为现在的用人单位不仅要求学历，还要求有工作经验。所以，这就使得刚刚从大学校园里出来的他们要面对很大的心理落差。其实，不管是应届毕业生也好，还是有工作经验的职场人士也好，在找工作的时候，首先都应该抱着实干的态度。没有任何一份工作是一蹴而就能够成功的。

很多时候，我们仰视着别人的成功，扪心自问：我不比别人差，为什么职位没有别人高？他明明比我大不了几岁，几乎同时从大学毕业进入社会的，为什么他已经是个中层管理者了？其实，别人的风光我们是看得到的，但是，别人风光背后的付出，却是我们所不知道的。你不知道的是，他虽然和你差不多时候毕业，但是他一毕业就进入这家公司，已经在这家公司打拼七八年了。你虽然七八年间也在工作，但是几次跳槽，根本没有资历。你不知道的是，他虽然职务比你高，但是他也付出了很多很多，当你和朋友喝酒唱歌的时候，他还在公司加班呢！你不知道的是，现在的他有多么风光，曾经的他就有多么卑微。你不知道，他刚刚进公司的时候干的是最苦最累的活儿，甚至没有清洁工自在。他是熬过了这一切，才有了今天小小的成就……我们看到别人很多显而易见的成功，却不知道别人在成功背后一直默默无闻地付出。我们看得见别人现在的职位很高，却不曾知道别人也是从一点一滴最卑微的小事做起，坚持努力，才有了今天。

进入这家公司之后，夏兰对自己的顶头上司萧雨很不服气。原来，夏兰是名牌大学毕业的，而萧雨毕业的大学名不见经传。而且，夏兰和萧雨年纪差不多大，夏兰以为，虽然自己刚刚来到这家公司，但是也有同业经验，应该是很快就能追赶上萧雨的。出乎夏兰的意料，虽然她在公司也很拼搏，工作上小有成绩，但是她的职位始终在萧雨之下。

一个偶然的机会，夏兰知道了一件让她倍感意外的事情。原来，萧雨之所以深得公司领导器重，是因为她进公司与众不同的经历。在萧雨应聘来公司的时候，差不多的职位都应该招聘满员了。为了留下萧雨，公司领导告诉她，公司只有清洁工的岗位。没想到，萧雨义无反顾地说："没关系，我干！"领导惊愕地看着萧雨，问："你不嫌弃脏吗？"萧雨却说："不嫌弃，我看上的是咱们公司的工作氛围和发展前景。虽然现在只有清洁工的岗位，但是我相信只要我工作出色，早晚会有合适的岗位等着我。”萧雨的话让领导对她刮目相看，同时心里不免有些疑惑：眼前这个美丽清爽的女孩，能在清洁工的岗位上坚持多久呢？

转眼间，半年过去了。萧雨依然踏踏实实地干着清洁工的工作。她不但把办公室的每一个角落打扫得干干净净，还把卫生间的卫生也搞得非常好。几乎公司的每一个人，都对她赞不绝口。萧雨充分发挥自己的浪漫才情，在保障卫生的同时，还主动买了很多绿植，装饰办公室的窗台、咖啡间和卫生间的角落。看着这些绿植，原本关系比较冷漠的同事们，在喝咖啡或者工间操之余，居然有了闲情逸致聊几句。

最让人感到不可思议的是，有一次，老总谈一个大单子，谈了很久都没有谈妥。然而，当他再一次把客户约到公司准备做最后的努力时，客户谈判中途去了一趟卫生间，回来之后态度居然有了明显的缓和，表现出想要合作的意向。客户对老总说：“张老板，原本呢，我之所以迟迟没有答应你合作的要求，就是对你们的实力不太有把握。这次来到你们的办公场所，我看到你们的公司窗明几净，所有物品摆放得不但整齐，而且布置也很雅致。最重要的是，刚才我去卫生间方便的时候，发现每个便池旁边居然都有一盆绿萝，洗手台旁还有金色的野雏菊。这样独具匠心的用心装饰，让我相信你们对待工作的态度也一定是积极认真的。所以，希望我们合作愉快！”老总就这样不可思议地顺利与客户签约了。客户前脚离开，他马上就表扬了萧雨，并且将其升为任办公室主任。

升职之后的萧雨，果然没有让老总失望。在工作上，她处处抱着老板心态，从来不用老总特意安排。她非常用心琢磨，把每一件平凡的工作都做得尽善尽美。这样的表现，使得她平步青云，也难怪夏兰对她望尘莫及了。

换作其他人，一听说清洁工的工作，一定会躲得远远的。萧雨却不同，她很踏实，有着卧薪尝胆的勇敢。她愿意从最卑微的工作干起，并且一心一意地把这份工作干到极致。其实，没有几个老板是“瞎子”，只要你的工作真的做得很好，老板一定会看在眼里。换个角度来说，也许公司领导当时给萧雨清洁工的工作，就是为了考验她，看看她能不能真正静下心来去做好一件事情。所以，在萧雨的能力和踏实认真的工作态度得到展现之后，老板才会重用她。

你呢？你愿意从最小的小工作干起吗？记住，只有你踏实认真地去做了，你才能真正表现自己的能力，获得领导的认可和赏识。只有这样，你才有可能获得更好的舞台展示自己，走向成功。

第6章

贪婪是堕落的推手，控制住欲望，别失去方向

合理的欲望是我们前进的动力，贪婪的欲望却是我们堕落的推手。人的欲望是永无止境的，所以，我们不可能满足自己无休无止的欲望。要想拯救自己，就要平定自己的内心，控制自己的欲望，让自己的心知足常乐。人生就像在大海中航行，一旦被贪婪的欲望掌舵，就会失去方向，在茫茫大海里杳无踪迹。所以，我们要正确认识欲望，合理控制欲望，掌好自己的人生之舵。

羡慕别人，不如做好自己

生活中的攀比心态，使我们总是盲目羡慕别人的生活，总觉得别人过得比我们潇洒，别人的生活都是幸福和甜蜜的，只有自己的生活才苦大仇深，悲悲戚戚。老人常说，家家有本难念的经。意思就是说，每个人都有每个人的苦恼，每家人都有每家人的困难，并非像外人看起来那样无忧无虑，潇洒快活。如果这样的心态带到工作中，就可能导致频繁地跳槽。很多人虽然人在现在的岗位上，却常常觉得其他行业更轻松，不会像自己现在这么累；或者觉得别人工作挣钱都很容易，只有自己累得奄奄一息，却没有得到应有的回报。实际上，跳槽越频繁，个人的发展就越艰难。因为每次跳槽，都会损失一些人脉，也会把你在上一家公司的资历清零，意味着重新开始。

在我们的眼中，别人的家庭、工作处处都好，但是，他们真的如我们眼中的一样了无烦恼吗？也许当我们和他们聊起来的时候，他们反而会羡慕我们呢！所以说，如人饮水，冷暖自知。我们首先应该做好自己，而不要盲目羡慕别人。

最近，丽丽很烦恼。当她和我说起自己的心绪时，我很惊讶：丽丽的老公是大学老师，丽丽在事业单位的财政部门工作，她还有个活泼可爱的儿子正在读幼儿园，家里的父母、公婆都是退休人员，无需她们负担。这样的生活，按说应该是非常安逸和幸福的，丽丽能有什么烦恼呢？不想，丽丽却愁眉苦脸地说：“哎呀，好什么好啊，我老公是个清水衙门，吃不饱也饿不死，每月按时按点地拿那点儿死工资。再说我自己，你不知道，虽然我有吃有喝，但是我们单位的其他女同事，尤其是和我一个办公室的张娜、艾米，人家生活得多么潇洒，每隔几个月就出国转悠转悠，买点儿名牌时装、化妆品、包包什么的，就好像国外是她们家的后花园一样。我呢，天天就三点一线，骑个破电动车。我们办公室现在就我没有车，其他女同胞，最次的也开个科鲁兹。”听了丽丽的话，我扑哧一声笑了，说：“你和别人比什么呀，你家李老师脾气那么好，凡事都由着你说了算，你还不知足啊！你说说，你结婚之后吵过架吗？”丽丽白眼一翻，对我说：“得了吧，我倒是想吵架呢！他要是一个月挣个几万大洋回来，揍我几顿我也没意见啊！”我无语地笑了笑，说：“你呀，就知足吧！嫌电动车破可以换辆新的呀，不想风吹雨淋，可以买个奇瑞QQ啊！出不起国，咱们就国内玩玩呗，景色也不比国外差，你与其羡慕别人，还不如琢磨着怎么样在节约成本的情况下过好自己的小日子呢！”丽丽若有所思地点点头：“也是哈，咱们周边就有很多美景，抬腿就到！出国嘛，咱们做不到几个月一次，那就几年一次，带孩子开开眼界就够了！”

又过了一个多月，我们相约在咖啡厅见面，这次丽丽的情绪非常好。我不由得纳闷道："丽丽，你和上次判若两人啊！"丽丽哈哈大笑起来，说："哈哈，这都要感谢你啊！你可是中国好闺蜜，三言两语就治好了我的心病。你知道吗？我们刚刚去了洛阳看牡丹，还去了龙门石窟。其实，我们是回老家看望公婆的，顺道多走了几百公里，去了趟洛阳。我和老李说好了，下次回济南去看我父母的时候，我们再去爬爬泰山，怎么样，一举两得吧！"我欣慰地笑了，说："看看，这不挺好嘛。以前你总嫌弃两头老人离得远，这下子，你可有借口出去玩了，还能博得老人的欢心，多好啊！"丽丽说："你说得太对了，这次我就是想去洛阳看牡丹，然后和老李说咱们去看爷爷奶奶，老李屁颠屁颠地就请假带着我们出发了，现在还说我是中国好儿媳呢！"

看着眼前幸福洋溢的丽丽，我不由得也开始计划我的探亲兼旅游计划。这时，丽丽又若有所思地说："你知道吗，前几天，我们办公室的张娜，被她老公打了一顿，居然是因为一个'小三'。你说说，她老公太过分了，直接和张娜说'你过你的，我过我的，我供你钱花，你不许管我在外面的事情'。你想啊，哪个女人受得了啊，结果，争执的时候，她老公就动手了。现在想想，还是我家老李好，他再怎么生气，宁愿伤害自己，也不会伤害我的。"

对于幸福的定义有很多种，物质堆砌出来的幸福是最脆弱的。事例中的丽丽明白这个道理后，就再也不烦恼了。其实，很多时候，我们看别人的时候总是很羡慕，却不知道别人背后也有不为我们所知的辛酸。

当然，这并不是说要让我们处处自以为是，再也看不到别人比我们强的地方。我们依然要学习别人的优点，弥足自己的缺点，但是，我们的目的是强大自己，而不是盲目羡慕别人。古人常说，“与其临渊羡鱼，不如退而织网”，说的就是这个道理。羡慕别人无法改变我们的生活，更不可能使我们进步，只有理智的学习，才能让我们变得更加优秀，更有资格获得幸福。

爱你的工作，而不是应付工作

作为社会的一个基本构成单位，每个人都是社会意义上的，都需要承担一定的社会责任和义务。虽然每个人工作的目的各不相同，有的人工作是为了生存，当然，这也是最基本和必需的目的；有的人工作是为了挣钱，改善现有的生活；有的人工作是为了实现自己的价值，体现自己存在的意义；也有的人工作是为了回报社会。当然，不管出于哪种目的，几乎每个人要想在这个社会上生存，都需要具备工作的能力。当然，社会上有千千万万个行业，每个行业的工作职位也是不同的，所以，这就造成了工作的内容不完全相同。然而，三百六十行，行行出状元。不管你现在是从事哪个行业的哪份工作，你都应该自信，都应该认识到自己的价值。

当然，现实生活中，有很多人从事的工作都不是自己喜欢的。其实，没有关系，未必每个人都可以幸运地从事自己喜欢的工作，而最理想的状态是干一行，爱一行。对于工作，如果我们不能从心底里喜爱和尊重，那么我们之于工作的意义，就是盲目地操作和机械地完成。试想，一个作家如果压根不热爱写作，根本没有创作的灵感，那么他还能够文思泉涌地写出美妙的文章来吗？他很有可能搜肠刮肚，却一个字也写不出来。当然，这是基于写作的特殊性。不过，这个道理同样适用于其他行业。虽然在其他的岗位上，即使你不喜欢这份工作的内容，你也可以懵懂度日，当一天和尚撞一天钟，但是，你绝对不会把这份工作做好，因为你在工作的时候没有用心，没有激情。如果实在不能让自己干一行爱一行，那么还是趁早转行，去干自己喜欢的事情吧。也许当你发现自己在所喜欢的行业上并没有特殊的天赋时，你就能够爱上别的工作了呢！

乔乔大学毕业后，一直没有找到合适的工作，后来只得委屈自己，进了一家小公司当文秘。这家公司刚刚起步，是做物流的，每天都有一些订单需要录入系统。和乔乔一起做这份工作的还有丽丽，丽丽比乔乔早一些来到公司，暂时当乔乔的师傅。

其实，录入订单是一件非常简单的工作，丽丽总是在乔乔面前抱怨：“如果一直做这份工作，我那会儿还不如高中毕业就来呢，还读什么大学啊！看看我现在，可真是大材小用。”

乔乔和丽丽的心态完全不同，她认为自己面试了很多公司都没有被录用，只有这家公司愿意给她工作的机会，所以她心里非常感激，也很珍惜这得来不易的工作机会。

乔乔工作没几个月，丽丽就因为工作失误引咎辞职了。临行前，她还鼓动乔乔也辞职，说自己恨透了这份工作。乔乔很认真地劝丽丽："丽姐，现在外面就业形势特别严峻。我毕业的时候，找了好几个月的工作都没有合适的。你看看，你比我早来好几个月，现在也对工作内容非常熟悉了，我觉得你应该坚持下去，说不定公司发展之后，你就成为公司元老了呢！"对于乔乔的劝说，丽丽不为所动。乔乔吸取丽丽工作出错的教训，在录入订单的时候非常认真细致，把错误率降到最低。因为乔乔的工作表现出色，领导很快就意识到乔乔是一个值得重用的人才。不过，他并没有马上提拔乔乔，而是经常派大量的订单给她，看看她能不能承受巨大的工作压力。在工作的过程中，乔乔真心爱上了这份工作，所以丝毫没有觉得枯燥和乏味。她发现，通过录入这些订单，她知道了全国各地的很多城市，有的时候，她也会从这些订单中猜一猜，购物的人是怎样的性格和生活习惯。

一份简单枯燥的工作，被乔乔做得有声有色，而且错误率持续降低。就连其他部门的人，都夸奖乔乔，因为乔乔的准确录入，也给他们的工作带来了极大的便利。没过多久，老板就把乔乔升职了，让她主管调度。因为在一年多录入订单的过程中，每天和订单打交道，乔乔已经在不知不觉中有了大局意识。

爱工作和应付工作的区别就在于，爱工作，你会付出真心，应付工作，你总是虚情假意，不会百分百投入。很多人都说自己所从事的工作并不是本专业的，或者并不是自己真正喜欢的。对于一份你不那么一见钟情的工作，你完全可以培养自己对于工作的感情。要知道，你善待工作，工作才会善待你。你真心为工作付出，工作才会给予你丰厚的回报。

结束庸庸碌碌的日子，做有意义的事情

如果人生就是每一天的重复，那么人生的长度就变成了一天，人生的一切都变得可以预见。如果人生的每一天在没有到来前都给你无数的希望和猜想，那么你的人生一定很精彩，是无数个未知的精彩。生活中，有些人惧怕改变，他们像套中人一样害怕未知的世界，所以永远地把自己隐藏起来，不敢直面外界。当然，很多人不是被契科夫笔下的套子套住，而是被自己墨守成规的心禁锢住了。例如，有的人常常觉得自己的生活一成不变，没有任何精彩可言。但是，当你真的让他打破这种惯性时，他却退缩了。就这样，他在探头探脑和退缩中，茫茫然度过了一辈子。要知道，人生可是不能重来的，过了十八岁，就再也没有十八岁；老了，就再也回不到年轻了。所以

说，人生的最高境界，是当老去的时候从不后悔，不后悔自己在该拼搏的年纪选择了安逸。有个名人曾经说过，人这一生，一定要在回忆过往的时候，有那么些个让自己热泪盈眶的瞬间。如果没有，这一生就虚度了。

当然，一件事情或者一份工作，对我们是否有意义，关键还是看我们自己。毕竟，每个人对待人和事的看法不一样，所以只要遵从自己的内心就好。很多时候，一件事情对于这个人没有意义，对于另外一个人就有很重要的意义。所以，我们不用在乎别人说什么，只要自己觉得有意义就可以义无反顾地去做。

大学毕业后，张坤回到家乡小县城，做了一名小学教师。在家人的眼中，当个老师也挺好的，风吹不着，雨淋不着，每年还有漫长的假期，平日里也有周末双休，最重要的，教师的工作非常稳定啊，只要按部就班地到点上班，就按时领取工资，还有完善的福利待遇。然而，张坤工作了一两年之后，就厌倦了。其实，他大学刚刚毕业的时候，就想去大城市打拼，然而，父母很希望他回到老家，他就回来了。看着身边的人满足地过着学校和家两点一线的生活，张坤彻底绝望了。看着那些快要退休的老教师，他似乎看到了自己的一辈子。让他惊讶的是，这些老教师都劝张坤："年轻人，静下心来吧，教书育人也是一项很有意义的工作啊！你现在刚毕业，心还野着呢，过几年你就不会胡思乱想了！"

听到老师们的话，张坤更害怕了，似乎预见到自己过几年后颓废的样子。他思来想去，最终果断辞职。尽管很舍不得离开朝夕相处了三年的孩子们，但是他更加不愿意辜负自己。张坤辞职不久，就背起行囊去了上海。在中国，上海是最繁华和开放的都市。初来乍到，张坤还很有些不习惯呢。不过，没多久，他就喜欢上了这种充实的生活。以前在老家当老师时，他每天按部就班，一点儿也没有压力。现在呢，虽然早晨很早就要起床，晚上有的时候还要加班到很晚，但他觉得整个人比起以前精神了很多，也充满了干劲。几年之后，张坤因为在工作上的表现始终非常出色，所以被聘用为部门主管。如今的他，觉得自己的生活每天都是不一样的精彩，他对人生的未来充满了期待。

工作到底有没有意义，对于每个人的感受都是不一样的。对于一个非常热爱教育事业的人来说，也许当老师是最好的选择。对于一个心有不甘的年轻人来说，如果一辈子窝在小地方没见过天地，就会觉得虚度了人生。

人生有很多种方式和过程，不管选择从事什么行业，做什么职务，只要觉得自己充实就好。人生如白驹过隙，如果不把握这短暂而又美好的光阴，时光就会在你不经意间悄悄溜走，让你悔不当初。所以，如果对现在的生活不够满意，并且想好了怎么做，那就赶快行动起来吧，俗话说，人挪活，树挪死，我们必须给自己机会，才知道生活会不会更好。

做任何事情最要不得的是半途而废

俗话说，有志者立长志，无志者常立志。这句话的意思是说，有志气的人一旦立志，就会坚定不移地去做，即使遇到困难也不退缩，而没有志气的人呢，他们经常立志，却没有毅力去做，所以常常放弃，常常立志。毫无疑问，做同一件事情，一定是有志气的人才能做成功，没有志气的人只会像寒号鸟一样天天哀嚎。其实，这个世界上没有任何事情可以一蹴而就，包括你的一段感情，包括你做的一份工作。没有时间的投入和你全心全意的坚持，不管是在感情上还是在工作上，你都会徒劳无获。

那么，有什么事情是一路坦途就能达到成功的吗？答案是没有。我们做任何事情，都会遇到困难。之所以结果不同，是因为每个人面对困难的态度不同，有的人知难而退，有的人迎难而上。毫无疑问，大多数成功者多是迎难而上的人。他们都有足够的勇气，能坚持不懈地去努力，即使遭遇很多坎坷和挫折，也绝对不轻易说放弃。

坚持，对于任何事情的成功和所有心愿的达成，都有着无可替代的作用。一旦半途而废，不但我们前面付出的所有努力都会付诸东流，甚至还会影响我们之后的生活和工作。试想，现代社会是一个讲究团结协作的社会，但是谁愿意和一个半途而废的人合作呢？如果在工作中犯了半途而废的错误，就会被团队中的小伙伴们鄙视，甚至他们下次会拒绝与你合作，那么损失将会不可估量。在团队协同作战之中，有一个木桶理论。大概的意思是说，用很多块木板组成一只木桶，这只木桶能装多少水，并非取决于这只木桶中最长的木板，而是取决于这只木桶最短的那块木板。所以，你千万不要觉得半途而废是你一个人的事情，在团队协作的过程中，你的半途而废会让全体成员所能坚持的程度都大打折扣。

在公司，小敏是出了名的娇小姐。所以，在同事们之间需要协作完成一件工作的时候，大家都不愿意和她在一个团队。刚开始的时候，领导以为大家是担心和小敏一个团队吃亏，因为她娇滴滴的，工作效率很低。后来，领导发现小敏对于其他人的负面作用还远远不止如此。

有一次，为了安排小敏，领导费尽了心思。后来，他甚至专门为小敏组建了一个“老实人团队”。当然，大家并不知道这个称呼，这个称呼是领导自己心里想的。这个团队里都是领导精心挑选出来的人，这些人都非常实在，不会因为小敏干活多或者少而心里不高兴。原本，领导以为这样就可以避免小敏影响其他人工作时的愉快情绪。后来的事实却让他很惊讶，因为这个“老实人团队”居然没有完成任务就作鸟兽散了。后来，老领导问及组长这一切如何解释，组长老老实实地说：“原本，大家根本没指望小敏干多少活儿，只要她不跟着添乱就行了。后来发现，事实不是这样的。小敏不干活的时候会不停地在一旁抱怨，说工作太困难了，方案不合理，不应该被执行。”起初，大家并不在意她说的话，后来她经常说，大家看到她已经彻底放弃，就都心思动摇了。

发生这件事情之后，领导意识到了事情的严重性。原来，对于一个总是喜欢半途而废的人来说，对其他人的负面影响并非让多干的人觉得心里不平衡，而是会导致其他人也产生半途而废的心思。想清楚这一点，领导再也不管小敏是老总侄女的事情了，而是当机立断，把她辞退了。

很多时候，作为领导，虽然理想状态是看到每个员工都拼尽全力地去工作，但是员工的水平和素质却参差不齐。所以，领导还要学会包容这些人，即使其中不乏有些人有点儿小毛病，但只要不是让人难以容忍的，领导还是会通融的。事例中的领导原本也是这样的心态，尤其是娇娇女小敏还是老总的侄女。然而，在看到因为小敏的影响，整个团队都没有完成工作之后，领导终于意识到事情的严重性，果断将其辞退。

对于我们来说，不管做人还是做事，都应该有韧性，不要轻易放弃。而且，我们还应该吸取小敏的教训，当在团队中和其他人一起工作的时候，尤其不能半途而废。因为一个人半途而废影响的是自己，在一群人中半途而废则影响的是一群人。人是很容易受到心理暗示的，这也是为什么现在的公司在招聘的时候都再三强调正能量的原因。

职场达人们，记住，不管什么样的行业和用人单位，都不欢迎做事情半途而废的人。如果你有这样的缺点，那就赶快改正吧！

心怀开阔，自主地放弃一些东西

人的幸福来源于人的内心，同样的道理，人的大多数烦恼，也是来自内心。生活中，我们常常看到有些人大大咧咧的，他们看起来很傻，实际上是不愿意计较小的是非得失。这种人虽然难免吃亏，但是却得到了很多快乐。还有些人整日愁眉苦脸的，是他们的生活和工作真的都不如意吗？其实不是，他们只是心里放不开，凡事都计较，所以就变成了苦大仇深的样子，感觉好像全世界的人都欠着他很多钱没有还。其实，人生一世，很多金钱名利都是身外之物。最终，我们会发现自己这一生得到的只有感受，或者幸福，或者快乐，或者悲切，或者愤懑。你拥有什么样的心态，你就会拥有什么样的人生。

我们在这个熙熙攘攘的世界上活着，很多时候就像蚂蚁一样成群结队。假如地球是一块石头，那么外星人看我们，估计就像我们看蚂蚁。再例如，如果地球是海洋，那么人就像其中的一滴水，一滴根本无迹可寻的水滴。这样想来，我们的得到和失去还有什么重要的呢？生活中那些闷闷不乐的人，大多数是得失心太重的人。这次评职称，没有你有什么关系呢？下次还有机会。即使一辈子评不上职称，你也会过得好好的。这次挣钱太少了有什么关系呢？下次可以多挣点儿，只要一家人平平安安地在一起，就会很快乐。人生之中，我们不停地在得到，从父母那里得到生命，得到成长的养料，从同学那里得到同学的情谊，从朋友那里得到关切之意，从亲人那里得到困难面前的援手相助，从爱人那里得到甘美的爱情，从孩子那里得到成长的回报……我们得到这么多，为什么还要在乎失去呢？人生，总要学会取舍，学会接受失去。当然，最快乐的人还知道学会放弃。

现代社会，没有几个人像当年的范进一样，一辈子奔波奋斗在科举考试的路上，好不容易中了个举人，还没来得及享受胜利的喜悦，就喜极而疯了。这是因为，我们和范进相比，已经学会了放弃。世界上，好东西太多太多了。人的欲望是无止境的，我们想要的很多，当我们历经千辛万苦得到自己想要的，却发现我们的心太贪婪，它只有片刻的满足，很快就会又有新的所求。既然如此，我们难道能一辈子都被自己的欲望所驱使吗？如果我们学会放弃，学会只取自己生活的所需，学会改变自己的需求，那么，我们就离幸福近了一步。很多时候，不放弃不是执着，而是固执。固执的人很难获得幸福，因为他们的心太过沉重。自主地放弃一些东西，是明智所思的结果，是理智豁达的所为。

有一天，海神涅普顿和智慧神雅典娜一起路过古希腊的山谷，在那里，他们停留在一座小城中休息。看到小城的安静和幽美，他们同时都爱上了这里。他们不约而同地想用自己的名字命名这座小城，并且为此争执不下。小城说：“这样吧，让我自己选择吧！”为了争取小城的命名权，海神对小城说：“快看，我可以赐予你们取之不尽、用之不竭的财富。”说完，他用手中握着的魔杖指了指天空，天空中马上出现了一匹雪白的马。小城问：“这是什么？”海神说：“这是权力。只要拥有了它，你就能够征服任何人。由此一来，你就会拥有无穷无尽的财富，变成世界的主宰。”

听了海神的话，雅典娜笑了，说：“真正的财富是什么？不是金钱和权势，而是和平、友谊和智慧。只有拥有这些，你们才能获得永恒的幸福。”说完，雅典娜也拿起魔杖指了指地上，只见地上冒出了一棵小小的树苗，转眼间就长成了一棵橄榄树，枝头上开满了洁白美丽的花朵。雅典娜告诉小城：“这就是和平、友谊和智慧。只要你们拥有这美好的品质，你们就会过上幸福的生活。”

小城选择雅典娜作为自己的名字，从此世界上就有了雅典娜。

一个人不会同时拥有所有的金钱、权势、美貌、财富等，只能取舍，才能最终决定自己过上怎样的生活。小城成为了雅典娜，世界上无可替代的一个地方。也许拥有金钱和财富的地方很多，但是它们都不叫雅典娜。

放弃，不是怯懦者的借口，而是智者的选择。明智的放弃，让我们得到更多。面对这个物质横流的社会，唯有学会放弃，才能让我们的内心更多纯净和安然。

第7章

做一个强者，不要躲在困难之后哭泣

人生的路上不可能永远一帆风顺，遇到困难的时候，只有知难而上，才有可能获得成功。那些遇到困难就退缩的人，永远也不可能战胜困难，就算是躲在困难之后哭泣，也博取不了任何人的同情。现代社会是一个崇尚强者的社会，当然，这并非说我们要嫌贫爱富，而是说要积聚社会正能量，勇敢地拼搏，努力地奋斗。

伯乐不识你，也许只因你不是千里马

《战国策·楚策四》中记载：“君亦闻骥乎？夫骥之齿至矣，服盐车而上太行。蹄申膝折，尾湛胕溃，漉汁洒地，白汗交流，中阪迁延，负辕而不能上。伯乐遇之，下车攀而哭之，解纻衣以幕之。骥于是俛而喷，仰而鸣，声达于天，若出金石声者，何也？彼见伯乐之知己也。”这段话的意思是说：衰老的千里马，拉着装满盐的车艰难地往太行山上爬。它的蹄子吃力地踩着地面，非常僵硬，膝盖也因为用力而折断了，尾巴湿漉漉的，皮肤上满是溃烂的伤口，口水滴落到地上，汗水一滴滴地从身上滚落。马夫用鞭子狠狠地抽打它，它才勉强爬到崎岖的山路上，就再也无能为力了。伯乐看到这样的情形，下车抱着千里马痛哭流涕，并且把自己的衣服脱下来披到千里马身上。这时，千里马先是低头轻叹，随后仰天长啸，那声音就像金石碰撞发出来的一样，直接刺破天空。为什么呢？因为千里马知道自己遇到了知己，他就是伯乐。

在职场生涯中，无数人听得最多的话题，大概就是千里马与伯乐了。也许是过于自信吧，大多数职场人士都觉得自己是千里马，且寻寻觅觅都没有遇到伯乐。这反映了大多数职场人士的心态。很多时候，我们觉得自己能力很强，而且在工作上的表现也非常出色，但是却始终没有获得相应的职位，我们将其归结于伯乐没有出现。伯乐为什么没有出现呢？难道真如古人所说：千里马常有，而伯乐不常有？其实不然。很多时候，伯乐并不是没有出现，之所以没有发现我们，归其原因，是我们表现得还不够优秀，不像一匹千里马。现代社会的信息流通如此之快，一个真正出色的人，肯定不会被埋没。所以，在我们抱怨伯乐为什么还没来的时候，不如先反思一下自己。只有先自省，我们才能努力改进，让自己变得优秀起来。这样，也算没有浪费等待伯乐的时间。

小华从大学毕业就进入这家公司工作了，迄今为止已经四年，但是小华的工作目前还没有什么起色。他还在四年前刚刚进公司的职位上，做着相同的工作，既无大功，也无大过。对此，小华愤愤不平。他总是和好朋友凯文抱怨："凯文，你说，我四年大学都能读毕业了，为什么在公司里一直就得不到提拔呢？"凯文问："小华，你是不是得罪领导了？"小华连连摇头："就我这好脾气，你觉得我会得罪谁呢？"凯文疑惑地说："那不至于啊，你想想，你学历也够，资历也够，为什么得不到重用呢？这样吧，我有个朋友认识你那公司的一个负责人，改天我给你旁敲侧击地问问，看看你的上级领导怎么评价你。"

一个多星期过去了，凯文终于给小华打来电话。电话里，凯文说："小华，你知道吗？你做梦也想不到你为什么不会被重用？"小华丈二和尚摸不着头脑，不解地问："到底是什么原因，我真是想不明白。”凯文哈哈笑起来，说：“就是因为你谁也没有得罪过。你知道吗？其实你的顶头上司早就想升任你为小项目组的负责人，但是就是因为你们经理说，你这个人，进公司四年来，表现虽然无可挑剔，但却一个人也没有得罪过。你知道他是怎么以此为借口拒绝提拔你的吗？他说你没有锋芒，而且脾气太好，是个好好先生，怕管不好别人呢！你要知道，一旦提拔你，你肯定会有下属。如果你一直像现在这么好好先生，如何管理团队呢！你可知道，你们经理历来主张严格管理团队。他觉得你脾气太好了。”

听了凯文打探来的消息，小华真的非常惊讶。原来，自己被埋没的原因，就是脾气太好了。后来，他冷静下来想想也是，如果把他提拔到小项目组长的位置，他还真是不好意思和现在的同事们变成上下级的关系。不过，他必须改变这种局面了，他可不想一辈子生存在公司最底层啊！

后来的工作中，小华不再唯唯诺诺。每次开会讨论，他都积极发言，遇到不同意见，他也开始学会竭力为自己争取机会。后来，领导招来一个新人，让他当师父带一带，他也可以做到恩威并重。果然，经过这段考察期之后，公司领导提拔了他。

千里马是什么？是一夜千里的良驹。对于一个职场人士来说，要想成为千里马也不是那么容易的。只是勤奋踏实地工作，也许工作上不会出错，但是未必适合从事管理。或者虽然很有才华，但是却桀骜不驯，也未必适合在团队中与人协调工作。就像事例中的小华，如果不是凯文帮他打听消息，他根本不会知道自己为什么没有得到提拔。我们也应该学着了解自己的劣势，多多改进，这样才能早日成为名副其实的千里马。

别怕改变，给自己多一个机会

常常有人想用一句话来总结人生，有人说人生是一趟终点未知的旅程，有人说人生就是不断尝试错误的过程，也有人说人生就是认识自己的过程，其实，人生是一个面对改变的过程。不管是主动求变，还是被动求变，人生总是离不开改变。在这个世界上，绝对的不变是没有的。因为很多时候，即使你不改变，你外部的环境也在改变。有些人不喜欢改变，他们喜欢按部就班地生活和工作，数十年如一日。然而，总会有突发的状况出现，将你推到人生的十字路口，使你不得不选择，不得不面对。在这种情况下，最好的应对办法是把被动改变变成主动求变，在改变迫不得已之前，就努力地选择新出路。

其实，大多数人还是渴望改变的。试想，假如人生是数十年如一日的重复，那么还有什么意义呢？在现代职场上，信息流通很快，工作的机会也越来越多，有些人以跳槽为机会，突破发展的瓶颈。遗憾的是，其中也不乏一些人因为生活的压力，被迫不敢换工作。他们或者买了房子、车子，甚至有了孩子，成为了名副其实的“房奴”“车奴”“孩奴”，每个月都要还很多贷款，支付一些必不可少的开支。所以，即使现在的工作稍微有些不如意，他们也不敢轻易跳槽。他们有很多担心，万一跳槽之后不能及时找到工作呢？万一跳槽之后工资短期内没有现在高呢？万一跳槽之后还不上各种贷款呢？这些人，被压力限制住自己，不能轻举妄动。其实，如果现在的工作确实不如意，相信自己能够有更好的机遇，跳槽也并非完全不可取。毕竟，在看得见的现实面前，如果坚持已经没有意义，那么不如给自己一个机会来得更好。

那一年，二十岁的张楠大学毕业，幸运地进入政府机关工作。为此，班里的同学们羡慕极了，要知道，这可是个地地道道的铁饭碗啊，以后就过着安定平稳的生活了。然而，几年之后，张楠辞掉了这份工作，毅然决然地进入了一家电脑公司。在当时，电脑才刚刚兴起，所以身边的亲人朋友都很担心，劝说张楠不要辞职的也不在少数。但是张楠很坚定地说：“我的人生需要改变。”

进入电脑公司后，门外汉张楠从最简单的工作做起，每天在工作之余都要学习到很晚。为了让自己尽快熟悉电脑，她花光了所有的积蓄，购置了一台电脑。看到张楠如此疯狂，就连父母都不理解了。在很短的时间内，张楠对电脑越来越熟悉了。很快，她就成了公司的业务骨干。因为之前在政府部门工作的时候积累了很多人脉，张楠发挥自己的优势，很快就为公司拿下了好几笔订单。就这样，几年过去了，随着公司的发展，张楠成为公司的销售总监，主管公司在全国范围内的销售情况。

亚信科技(中国)有限公司执行副总裁兼财务总监韩颖，当时从厦门大学毕业后，进入中国海洋石油公司工作。当时，全班同学人人羡慕她。没想到，几年后，她就义无反顾地辞职了，进入惠普公司。当亲朋好友都劝说她不要辞职时，她只说自己需要改变。

进入惠普公司后，韩颖和另外一个同事负责发工资。20世纪80年代末还是人工发工资，每次发工资，韩颖和同事都累得够呛。一沓沓厚厚的钞票必须分文不差地清点清楚，再毫无差错地发到同事们手里。有一个紧张的发工资日结束后，韩颖下班路过一家银行时，突然脑子里闪现出一个好主意：每次发工资，大部分同事都还要把一部分工资存到银行去，既然如此，为什么不让银行代发工资呢！韩颖雷厉风行，想到了就马上去做。第二天早晨，她早早地来到银行，找到负责人，申请让银行为公司的员工发工资。韩颖说："我会把每个月的工资总额直接存入你们这里，然后员工只拿存折，需要取用的时候，来你们这里变现。"在银行这边，此前是没有先例的，因此负责人很犹豫。韩颖再三解释，银行方面才同意这种模式。然而，第一次以这种模式发工资，拿到存折的同事们似乎并不高兴。

为此，韩颖被直属领导批评了一顿。她强忍住泪水，想不明白自己哪里错了。出乎韩颖的意料，上层领导得知此事后，居然非常肯定她的做法，并且表扬她改变了公司一直以来人工发工资的传统。那一年，韩颖被评选为惠普公司年度优秀员工。这件事情，对韩颖的职业生涯产生了巨大的影响。

“永远不要害怕改变”，韩颖用她的成功，给了我们深刻的启迪。很多事情，沿袭下来的未必就是最好的。只要我们想好了，就应该勇敢地去做。改变，是成功者进步的阶梯，即使失败了，也是经验的积累。改变，因你而生！

挫折，是你走向成功的台阶

看看每天的天气，有晴天，也有阴天，有风天，也有雨天，其中还不乏雷电轰鸣、风雨交加的日子。这就像是人生，每个人的一生之中，除了坦途，也会有坎坷和挫折；除了顺境，也会有逆境。细心的人会发现，每当风雨之后，阳光会出奇地好，空气清新，碧空如洗。那些遭受过坎坷和挫折的人，在经历过磨难之后，也会变得更加坚强勇敢。但是，如果在挫折面前退缩了，被挫折吓倒了，人生就会陷入低谷，遭受绝境。所以，我们要直面挫折，战胜挫折。生活中，人们常常说，不经历风雨，怎能见彩虹；宝剑锋从磨砺出，梅花香自苦寒来……一切，都是因为挫折和磨难，变得更加让人珍惜，难能可贵。

毫无疑问，每个人都希望自己的人生能够与快乐、幸福相伴，而厄运远离自己。但是，造化弄人，我们常常会发现凡事不能尽如人意，尤其是当我们渴望成功的时候，挫折更是会常常与我们结伴而行。其实，在人生的大学堂里，失败和挫折是最好的老师。每个人都必须从这所学校毕业，唯有经过这所学校的学习，你才能学会独立思考，学会坚持不放弃，学会坦然面对得失，学会坚定不移地选择，学会如何笑对人生。曾经有心理学家证实，对挫折的体验，能够使人快速学会如何应付风险，而战胜风险，恰恰可以帮助我们不再惧怕失败。不曾经历过失败和挫折的人生，是苍白的，就像温室里的花朵，经不起风吹雨打。

著名的音乐家贝多芬创作了举世闻名的《命运交响曲》，让人难以想象的是，这是他在双耳失聪之后创作出来的。对于音乐家来说，失去听力，几乎就是失去了生命，然而，坚强的贝多芬在双耳失聪后，坚定地说："我要扼住命运的咽喉。"

那是一个寒冷的冬日，西北风肆虐地呼啸着，维也纳大街两旁的树叶纷纷凋零。满头银发的贝多芬正在散步时，突然有了创作的灵感。只见他单膝跪在街道上，从口袋里拿出纸和笔，用膝盖当桌子，迅速地、一刻也不停地写着。他全神贯注，丝毫没有注意到西北风正在把他满头白发吹得乱七八糟，更没有发现脚下已经堆满了落叶。他沉浸在优美的旋律中，完全忘记了世界的存在。没多久，一支送葬的队伍走了过来，但他丝毫没被打扰。他写着，写着，甚至忘了自己。送葬的人们认出了贝多芬，纷纷停下脚步，在寒风中向他行注目礼。终于，贝多芬写完了最后一个音符。

贝多芬抬起头，发现自己挡住了送葬的队伍，马上对着队伍深深地鞠躬，表示歉意。如果没有对音乐执着的爱，没有对困难的藐视，贝多芬怎么可能谱写出著名的《命运交响曲》呢?

汉朝时期，有个叫匡衡的少年学习非常用功。他家里穷，连煤油灯都点不起。因为白天要下地干农活，所以他只有晚上才有时间读书。没有灯怎么办呢？看着漫长的夜晚就这样白白浪费了，他心痛不已。

匡衡的邻居家很有钱，每到晚上，家里总是点燃很多煤油灯，屋子里灯火通明的。匡衡思来想去，决定向邻居借光。他问邻居：“我想利用晚上的时间看书，但是买不起煤油。我能不能借用你家的一小块地方，就着你家的光亮看书呢？”邻居很坏，吝啬地说：“连煤油都买不起，还读书干什么啊！”邻居的挖苦和嘲笑，让匡衡更坚定了读书的想法。他知道，要想改变命运，就要把书读好。

匡衡没有放弃，回到家里之后，他趁着夜深人静，把自己家和邻居家公用的墙壁凿了一个小窟窿。从此之后，他就借着微弱的灯光，读完了家里所有的书。为了看更多的书，他还主动要求帮助附近一个藏书很多的大户人家干活，不要任何报酬，只想从那家借书出来读。大户人家的主人被他勤奋好学的精神感动，答应了他的请求。这个匡衡，就是汉元帝的丞相，也是西汉时期著名的学者。

哲学家科林斯说："不曾经历挫折，成功只是短暂的表面现象泡；只有经历过挫折的磨难，成功才能历练成金。"挫折并不可怕，经历了挫折却没有从中汲取经验和教训，这才是最可怕的。遇到挫折时，强者不会一味消沉，而是将其作为对自己的挑战，作为奋斗的起点。逃避挫折永远无法解决问题，唯有面对挫折，才能真正战胜挫折。强者不但战胜挫折，还会从挫折中吸取人生的营养和智慧。只有这样，他才能在面对挫折和战胜挫折的过程中，迅速变得强大，最终获得成功。

面对"小人"，你是走还是留

有人曾经说过，世界上没有完全相同的两片叶子。以此类推，毫无疑问的是，世界上绝对没有完全相同的两个人。即使遇到双胞胎长得一模一样，他们的脾气秉性，也会有其差别。那么，在人世间游走，你肯定结识过惺惺相惜的好朋友，也遇到过卑鄙无耻的"小人"。尤其是在职场上，各种利益冲突始终存在，遇到小人的概率就更多了。当你以一颗坦荡荡的君子之心，在不知情的情况下被小人黑了一把，除了愤愤不平，你还能做些什么？有人选择离开，有人选择以其人之道，还治其人之身，有人选择宽容，有人选择奋斗……其实，哪种选择，完全取决于你的心态。很多时候，我们不能容忍小人的存在，不是因为吃不起那一点点的小亏，只是不愿意与这样的人继续为伍。那么，你逃到哪里去呢？哪里，又是一方真正的净土呢？现实情况是，社会的每个角落都充斥着利益，充斥着人和人之间的各种纷争，如果不能学会怎样面对和对待小人，只怕躲到哪里都不得清净。

在这个世界上，我们唯一能控制的是自己的内心，所以，我们无权要求别人也和我们一样正直善良。有人曾经说过，真正长久的关系是利益与合作的关系。当然，这并非说让我们去向小人妥协，与小人合作，只是说我们应该学会平静地对待和我们不一样的人，找到一种合适的方式去共生。尤其是当在同一家公司里遇到小人时，换工作说起来只有三个字，但是做起来牵涉到方方面面的事情。很多冲动的人为了不与小人同流合污，也许会一气之下辞职，然而，你工作的经验和资历的积累，到此就会清零，去另外一家公司又会一切从头开始。换一个角度来想：他是小人，他做错了，我为什么要走呢？虽说人活一口气，但是也不能这样把自己辛辛苦苦拼搏来的很多东西因为一个小人就放弃了吧？所以，我们应该学会圆滑地处理一些事情，既不损人，也不损己。

当然，遇到小人换工作的事情有一种除外，即这个小人是你的顶头上司。如果你的上司是个小人，而你又偏偏非常正派，做不到同流合污，那么让自己与他继续相处就未免有些为难自己了。首先，我们需要认清的是，什么领导带什么兵，如果领导是小人，那么下属也会形成不正之风。在这样的团队里生活，绝非一人之力可以为之。而且，如果价值观不同，在工作的过程中也会产生诸多矛盾和冲突。与其这样，不如趁早弃暗投明。不过，大多数人之所以做到领导的位置上，总是还有些能力的。如果能够维持表面的和谐，你也大可赌一赌。毕竟，领导不会永远坐在这个职位上，只要你工作表现出色，总有出头之日。总而言之，遇到小人，是走还是留，我们千万不能意气用事，而应该从各个方面考虑问题，尽量把自己的损失降低到最小，同时也不能让小人得利。否则，小人一定会贻害无穷的。

静静是一个非常善良的女孩，尽管是做销售工作的，同事之间常常有利益冲突，但是她在公司和每个人都相处很好，从未有过冲突。直到有一天，她的一个同事签了一个很大的单子，客户是她原来的客户。据那个同事说，客户是他朋友介绍的，静静虽然心里懊悔没有抓住这个客户，却依然大度地表示恭喜，心里还暗暗佩服那个同事，说人家的能力强。后来，事情过去了十几天，静静突然无意间得知，原来这个客户并非那个同事经由朋友介绍来的，而是去公司找她，却被那个同事接待了。在销售行业，这样的行为是最恶意的切户行为，即把别人辛苦维护的资源偷偷地占为己有。

得知此事后，因为那个同事最近业绩还不错，所以他们主管有些包庇他。静静一气之下，想到了辞职。这时，静静的好搭档周凯说：“你傻啊，静静，你做得好好的，为什么要辞职？他不就是最近业绩好点儿，得到领导包庇了嘛！没关系，咱们齐心协力，一起把业绩做好，早晚把这个人渣赶走。咱们得让他走，不能自己走，知道吗？就算领导处事不公，难道他能一辈子在这个位置上待着吗，咱们看看谁干得过谁？”在周凯的劝说下，静静冷静了下来，想想也是，她为什么要走呢？给小人让道吗？

后来，静静发奋图强，和其他同事处处团结协作，最终大家都把业绩做得不错，联名上书，全部要求把这个切户的小人赶走。那个唯利是图的领导，一看天平两边重量如此不均衡，只得将那个小人辞退了。

是自己走，给小人让位？还是好好干，把小人赶走？聪明的静静有着良好的人缘，在周凯劝说之后，马上就知道自己应该怎么做了，而且也的确做好了。虽然销售团队是最需要良好秩序和严格制度规定的，但是很多销售团队的领导并不能做到公正，因为一切都是以业绩说话的。认识到这一点后，静静知道了制约领导的是什么。当一个团队和一个人相比较的时候，即使那个人再怎么能干，也无法与一个团队抗衡，唯利是图的领导当然一下子就知道孰轻孰重了。清除了害群之马，静静和同事们又可以开展良序竞争，愉快工作了。

当然，每个人遇到的情况不一样，在坚持不冲动的原则下，每个人都应该根据实际情况做出最合理的选择。

行业寒冬，留守还是逃跑

三百六十行，行行出状元。这句话，我们也可以改为，三百六十行，行行都有起起落落。万事万物的发展，都有其自身的规律可循。总体来说，事情发展总会遵循螺旋式上升的理论。细心的朋友会发现，在近年来大热的房地产行业中，行情的发展也不是一路飙升的，而是涨一涨，跌一跌，再涨一涨，再跌一跌。如此一来，实现螺旋式上涨。其实，不仅房地产行业如此，每个行业因为其独特性，都会受到一些外界因素的影响，出现行业的春天和冬天。那么，当你所从事的行业遇到寒冬的时候，你是选择留守，还是选择逃跑呢？对于行业来说，寒冬不会像真正的冬季那样那么快就会过去，而是会遵循经济发展的规律，或者一两年，或者三五年。在经历行业盛夏赚得盆满钵满之后，你会继续留在这个行业守得云开见月明吗？还是赶紧改行，保持稳定增长呢？或者说，改行就一定能保持稳定增长吗？职场人士都知道，隔行如隔山。改行，不像是之前卖萝卜现在卖白菜这么简单，融入一个行业，也需要很长的时间。如果你花两三年熟悉了一个新的行业，却发现之前的老本行重新东山再起了，你是回来，还是继续在新行业打拼？这些，都是非常艰难的选择。

要想做出明智的选择，首先我们要明白一个道理。即虽然寒冬到来，但是并不意味着行业被彻底冻僵。也就是说，即使行业的整体状况不佳，也依然有人能够在这个行业生存。你首先要问问你自己，你是能够剩下来的精英吗？如果在某个行业炙手可热的时候，你都始终是处于底层，那么一旦寒冬到来，坚持或许能让你的对手减少，让你更容易在这个行业出人头地。当然也不排除最坏的结果，就是你的表现因为行业寒冬的影响变得更差，入不敷出。最终的结果，要看看你是否真的适合这个行业，是否有信心在这个行业的冬天出人头地。如果答案是否定的，那还是趁早改行为妙。如果答案是肯定的，对别人来说的寒冬，也许会因为竞争对手的急剧减少，而变成你的春天。

阿雅大学毕业后留在了北京，从事二手房经纪业务。2006年和2007年，阿雅的业务一直做得非常好，接连几个月都是公司里的销售冠军。后来，2008年金融危机，北京二手房市场一度低迷。阿雅的好几个同事看到情况不妙，都改行去卖保健品、文化艺术品了，这个也情有可原，毕竟家家都有房贷、车贷要还，几个年长些的，还有孩子要养，真是一天不挣钱都心慌啊。不过，阿雅选择了坚持。在这个行业，她有很多资源。而且，她也知道如果选择去一个新的行业，需要很长的适应和学习时间。一旦房地产行业进入春天，想回来的时候，之前积累的资源就全都没了，一切都要从零开始。思来想去，阿雅决定拼搏一把。

二手房经纪业务量急剧萎缩，但是并不意味着业务量为零。想明白这一点，阿雅释然了。以前有100个客户买房，200

个经纪人同行在争抢这100个客户。现在有10个客户买房，50个经纪人同行在抢这10个客户。虽然开单的难度变大了，但是开单的可能还是很大的。就这样，阿雅和以前一样，每天做着该完成的工作，更加勤奋，更加努力。让大家都很惊讶的是，阿雅的业绩没有丝毫下滑。在全店其他销售人员业绩都不好的情况下，她却有带不完的客户，每天都忙忙碌碌，收入非常稳定。熬过了一年多，行业重新回到春天，阿雅也因为之前表现良好，得到了晋升，率领团队赚了个盆满钵满。

从阿雅的经历中我们不难看出，只要坚持的你足够优秀，就算你从事的行业进入了冬天，也还是能够做出成绩的。正是因为大背景的残酷，你的优秀才显得那么与众不同，那么难能可贵，也正因为如此，领导会更加看重你，也必然会更加重用你。

任何事情，在我们作出选择的时候，都会有利有弊。重要的是，我们一定要坚定执着地遵从自己的内心，坚定执着地做好一件事情。凡事，都必须做到极致，才能有所成就。墙头上的狗尾巴草历来被人轻视，就是因为它总是随着风的方向四处飘摇。做人也是如此，唯有坚持，才有成就。轻易放弃的人，永远不可能获得成功。只要功夫做到家，对别人来说是寒冬，对你来说也许就是久违的春天。

第8章

独立自主地思考，不做随波逐流之人

古人主张，做人应该一日三省吾身。虽然现代社会紧张忙碌的生活使得我们没有时间一日三省，但是每天的自我反省也还是必须做的和应该做的。人和动物的区别在于哪里？在于人会独立自主地思考，而动物不会。成功的人有哪些做得更好的地方？大多数成功人士所走的道路都是不同的，但是有一点一定是相同的，即他们都善于思考，有主见，有担当。现代社会，信息流通的速度已经开始以分秒计算，我们从各种各样的渠道获悉别人怎么想怎么做，如果没有自己的主见，很容易就会被同化。所以，独立思考显得尤为重要。

走自己的路，让别人说去吧

随着信息大爆炸时代的到来，我们越来越容易受到别人的干扰。古代社会，如果有人想散布谣言，必须依靠人与人的口耳相传。现代社会，如果有人想散布谣言，只需要花上三两分钟，在网上发布一下，只要信息够爆料，顷刻间就会有成千上万的网友帮忙转发，也许要不了一天的时间，全中国就知道了。这些信息，对于我们有着强大的心理暗示力量，或者教会我们正向积极，或者导致我们更加消极沮丧。此时，再加上身边的亲戚朋友、同事同学，甚至是不相干的陌生人有意无意说的话，我们的行为就很有可能受到影响，继而发生改变。

最终，我们得出一个结论，在现代社会生活，我们更要学会排除外界干扰，倾听自己的内心。别人爱说什么说去吧，只要你觉得是正确的，就坚定不移地去做，毕竟你只能控制自己，而嘴巴长在别人身上，你管不了别人。

别人的话为什么不能尽信呢，因为尽信不如不信。很多时候，即使别人再怎么设身处地地为我们着想，也不是我们，也不可能变成我们，所以，他们不会真正知道我们做事情的初衷，不会真正知道我们的难处和苦衷，也就没有资格对我们的所作所为指手画脚。当你遭到误解的时候，当你不被理解的时候，不如安慰自己坦然继续往前走，只要问心无愧，只要自己觉得所选择的方案是最佳最优方案。

很久以前，有一位画家脑中灵光一闪，决定倾尽全力去画一幅画——一幅非常完美、让任何人都挑不出毛病的画。画家非常用心，耗时很久才完成这幅画，就像看自己辛苦抚育长大的孩子一样，看哪里都觉得好。第二天，他信心满满地把画拿到集市上，支起画架摆放好，并且附上告示：“朋友们，这是我自认为生平最满意的作品，欢迎大家批评指正。如果您觉得哪里不好，可以直接用旁边备好的笔替我做上标记。”做完这一切，画家就非常放心地回家了，他相信即使等到明天，也不会有人找出这幅画的缺点。

傍晚时分，集市马上就要散了。画家慢悠悠地来到集市，却大吃一惊。原来，他的画上涂满了记号，几乎所有的笔画、线条和色彩都饱受指责。画家失望极了。他思来想去，结果发现也许是自己的思路有问题。因此，他再次画了一幅画，和上一幅几乎没有区别。这一次，他把画在集市上摆放好之后，在告示上这么写道：“朋友们，这是我非常用心画的一幅画，是我生平得意之作。如果您也喜欢这幅画，请将你喜欢的地方标注出来。”等到傍晚再次来临时，画家又吃了一惊。原本，他以为同样的画不会博得很多的赞赏，但是却发现画上的每一笔，几乎都被标注出赞赏的印记。

经过这两次实验，画家彻底明白了，他感慨地说：“现在，我终于明白了。不管我的画画得好不好，总会有人喜欢它，也有人讨厌它。同样的一笔，有十个赞美它的人，也会有差不多数量的人在诋毁它。所以，不管我多么努力，多么曲意逢迎，都有人不会喜欢。所以，我能做的只有做好我自己，至于别人是喜欢还是厌恶我，就不是我能左右的了。”

同样一幅画，出自同一个人之手，在相同的集市上，却遭受了完全不同的命运。画家很明智，他最终明白不管自己怎么改变，都不可能博得所有人的喜爱。所以，他选择保持自己的风格，让他人去决定喜欢还是不喜欢。试想，如果这个画家在遭受无数人提意见之后，马上就盲目地根据别人的建议去改正，那么他永远也无法形成自己的画风，更不会得到所有人的喜爱，只会变成毫无主见、毫无风格的庸俗之辈。

没有人能让所有人满意，我们必须牢牢记住这一点。不管做什么事情，都是众口难调，我们在满足一部分人或者博得一部分对我们赞赏的同时，必然也会有一些不喜欢我们的人存在。

“老人”说的未必都对

常言道，家有一老，如有一宝。在生活中，我们常常会尊重老人的经验，认为老人说的一些话都是对的。其实，老人的经验也是有局限性的。时代在发展，社会在进步，科学技术的更新换代更是时时刻刻都在发生。很多时候，老一辈的人凭借生活摸索出来的经验未必都是正确的。所以，年轻人和老人也就常常因为观念的不同而产生矛盾。其实，年轻人说的很多有科学根据的知识显然已经完胜老经验了。举个最简单的例子来说，家里有孩子的年轻人都知道，在带孩子方面，很多老人在遇到年轻人质疑的时候，总是说："我家孩子从小就是这么带的，不也长得挺好的么，不也考上名牌大学了么！"对于这些固执的老人，我们应该学会委婉地给他讲述道理。毕竟，老人的很多观念是根深蒂固的，而且老人往往都比较爱面子，不像年轻人能够马上做到知错就改。然而，我们却依然要坚持自己的正确和科学的观念，不能盲目迷信老人的老经验。

这样的现象反应到职场中，也是非常常见的。职场上，新进员工往往处处都要和老员工学习，包括对公司制度和文化的理解，包括做事情的规矩。当然，这些方面的学习是毋庸置疑的，也是无可指责的。然而，很多时候，事实却证明，老员工的思维存在局限性，反而是新员工，在遇到问题的时候能够打开思路，思维更加具有发散性。所以，如果你是一名新员工，千万不要盲目迷信老员工的经验，而是应该多多动脑子，在向老员工学习的同时，取长补短，发挥自己新人新思维的优势，在工作上达到最理想的状态。

曾经，有一位小有名气的诗人，认识一些经商的朋友。诗人很穷酸，却不甘于穷酸。他始终认为，像自己这么一个才华横溢的人，如果经商，一定不会比那些朋友差。经过一段时间的考虑之后，他决定自己开公司。诗人把开公司想得很简单，他觉得自己心思细腻，一定能够揣摩别人的心思，再加上身边那些商人朋友的熏染，他的心里也有了一笔生意经。为了验证自己的能力，诗人还找了开公司的朋友咨询，朋友说："你想开公司？当然没问题啦。你听我说，现代社会，开公司是很简单的事情。你只要有钱，租个办公室，再招聘十几个人，那么你的公司就成功了一半。最重要的是，你要学会铺张造势，这样别人才会以为你实力很强。"诗人迟疑地问："开公司之初，不应该节俭吗？必须要开源节流啊！"那个朋友不以为然地说："写诗你比我内行，开公司你可要向我学习。你知道为什么别人开公司都倒闭，只有我开公司挣钱吗？就是要铺张，只有摊子铺大了，让别人以为你实力很强，你才可能获得与人合作的机会。信我的没错，一定要铺张造势!"

诗人好好地琢磨了朋友的话，越想越有道理。最让他士气大振的是，他曾经为几个经商的朋友出的主意，都大获成功了。诗人高兴地想：我都能想出金点子帮朋友，还不能帮帮自己么！再加上自己人脉这么丰富，要文能文，要朋友有朋友，怎么会失败呢！就这样，诗人怀着极大的信心，公司顺利开张了。

诗人么，当然是开文化公司。虽然生意还没开张，但是诗人先招来几十个人，还给每个人配备了笔记本电脑。诗人很有野心，他想造造声势，把那些由不是文人的人开办的文化公司全都击垮，然后他就可以垄断文化产业。他的确把声势造得很大，但是他忽略了一件事情，他没有抓紧时间做业务。在外界都知道他是大公司之后，他可不如生意人精明，没有乘胜追击，而是等着别人来找他做生意。每天，他依然和当初当诗人一个思路，每天拿着世界富豪的传记读一读，想借鉴别人成功的经验。有的时候，他有了闲情逸致，还会写几首诗，标榜自己是商界的文化人，文化界的商人。半年过去了，如此坐吃山空，诗人就千金散尽，把自己开公司时从朋友那里筹集来的钱全都花光了。看到公司倒闭了，那些他曾经的崇拜者，不管是朋友，还是同学，抑或是学生，纷纷追着他讨债。

诗人心有不甘，想再次募集资金东山再起，但是再也没有人敢借钱给他了。就这样，诗人剩下的人生不仅仅继续穷酸，反而还变成了杨白劳，一到过年就四处躲藏，生怕追债的找上门来。

学着朋友大造声势也许没有错，诗人却太过于迷信朋友的经验了。在这个世界上，每个国家的国情不同，所以发展战略不同。对于个人也是如此，每个人的情况不同，所以我们在学习别人经验的时候，一定要取其精华，去其糟粕。只有这样，才能扬长避短，避免不必要的损失。

在权威面前，保留自己的观点

每个行业都有权威，在权威面前，外行或者是新入行的人，总是有点儿胆怯，生怕自己哪句话就露了怯，丢了人。换个角度来看，权威说的就一定是对的吗？我们常常说看待问题要尽量客观公正，但是这个世界上根本没有绝对的客观公正。不管是谁，客观公正都是相对的，因为他们多多少少还会在一定程度上站在自己的角度看待问题。如此一看，客观和公正，只是带着主观色彩的客观和公正。权威也是人，老虎还有打盹的时候呢，更何况是人呢？是人，就总会犯错误。即使神仙，也不可能事事皆明智，事事皆正确。所以，在权威面前，我们是要虚心学习，但也要保留自己的观点。如果认为自己是正确的，坚持一下也无妨，也许你的坚持恰恰避免了权威犯错呢？如果真是这样，权威还会感谢你呢！

虽然挑战权威是一件非常霸气的事情，但是真正到了现实生活中，又有几个人敢于挑战呢？姑且不说挑战权威，只说在权威面前保持自己的观点，就很难做到了。归根结底，这跟我们千百年的思想教育有关系。大多数人都认为权威说的是对的，即使错了，也认为是对的。其实，现代的中国，更需要严谨认真的态度，更需要敢于坚持的精神。不管是在社会生活的哪个领域，这样的一种精神都是弥足珍贵的。

一台重要的手术，正在医院里进行着。这一次，主刀医生是赫赫有名的外科李主任。实习生小李第一次给李主任当助手，心里非常紧张，额头上沁出了细细密密的汗珠。历时8小时之后，手术终于进入尾声了，台上的每个人都累得仿佛虚脱一般。李主任让张医生开始缝合伤口，这时，小李突然叫道：“停！”大家都不明所以都看着小李，小李轻轻说道：“我们用了十二块纱布，但是这里只有十一块，你遗留在患者腹中一块。”小李的话音一出口，护士长就马上呵斥道：“小李，你累昏了吧，李主任怎么可能把纱布遗留在患者腹中呢！”李主任也斩钉截铁地说：“不可能，我全都取出来了！”这时，其他观摩手术的实习生都窃窃私语，说，“小李是不是糊涂了，居然质疑李主任。”“我看，小李是不想留院了。”……

小李还是坚持说少了一块纱布，这时，李主任有些愠怒地说：“手术进行了这么长时间，病人身体损耗很大，现在必须立即缝合。”

小李再次坚定地喊道：“不能缝合！我清楚地记得，我们确实用了十二块纱布，但是这里只有十一块。”

李主任很不耐烦地说：“别再争执了，缝合！”

小李毫不退缩，几乎大声喊了起来：“您是医生吗？您不能这么草率地对待病人！”

听到小李的呐喊，李主任原本怒气冲冲的脸上露出了笑容。他摊开手心，他的手心里躺着小李说的“第十二块纱布”！与此同时，李主任对大家宣布：“今年，我手里唯一的留院指标，是给小李的，因为只有她才能成为我最合格的助手。”

事例中的小李，的确用自己的实际行动证明了她会成为一名合格的外科医生。在护士长的训斥、李主任的佯装恼怒中，她丝毫没有退缩。即使身边和她一样的实习生提起她不应该得罪李主任时，她也依然毫不屈服。最终，小李证明了自己的优秀。对于外科医生来说，手术台上的一举一动都关乎患者的生死存亡。如果因为权威在场，就不敢坚持自己的观点，那么就失去了存在的意义。权威，不代表任何时候都不会犯错。就像上述事例中的手术，如果小李和其他人一样也对李主任盲目迷信，如果李主任真的在患者腹中遗留了纱布，那么后果不堪设想。

我们应该向权威学习，但是要知道权威和真理之间不能画等号。不管什么时候，我们都应该相信自己的判断，坚持自己的看法。如果一味地附和权威，那么我们非但不会有进步，反而会更加退步。只有抱着谨慎的态度，批判和学习，我们才能让自己更快地成长。

信权威，而不尽信权威，更不迷信权威，也许这才是向权威学习的最好方式。

他说对，就一定对吗

现代社会，最缺乏的是创造力。何为创造力呢？不是跟随大众的潮流，而是能想到别人所想不到的。要想具有创造力，首先，我们要有自己的思想和主见。现代社会，信息传播速度很快，因为很多人盲目跟风，所以一点很小的事情就会变成整个社会的恐慌。

诸如前几年，日本福岛核电站发生核泄漏，就因为有人说海盐被污染了，所以不管是大城市的知识白领，还是小乡村的农民，都开始一哄而上地买盐，导致超市货架上的盐都卖空了。其实，只要我们稍微动脑想一想，就知道这完全是谣传。最可怕的不是抢盐，而是我们人云亦云的坏风气。

小时候，我们都学过安徒生的童话《皇帝的新装》。原本，只是爱慕虚荣的皇帝受到两个骗子的蒙骗。只是因为这种人云亦云的坏习惯，最终包括大臣、市民在内，无数人都被骗子牵着鼻子走。幸好，天真可爱的孩子还没有沾染这样的坏风气，所以一语道破，让其惊醒。

很多时候，我们并非不能思考，我们也会有自己的想法，只是当看到自己的想法和大多数人的想法不一致时，就没有勇气将其说出来了。

其实，这种盲目的从众心理才是最可怕的。曾经有位名人说，真理掌握在少数人的手中。我们只有坚定地相信自己，才不至于让自己掌握的真理被埋没。我们应该变得自信一些，坚持自己的想法，勇敢地将其说出来，而不要在人云亦云的过程中不知不觉地变成了小丑。

如果我们总是人云亦云，看到别人说对，就不假思索地跟着上，时间久了，我们就会变得越来越麻木，变得没有主见和思想。

在中世纪的欧洲，始终崇尚的是“地心说”。因此，哥白尼的“日心说”发表之后，遭到了很多反对和非议。其实，人类早在古时候就开始研究宇宙的结构，古希腊的一名科学家就曾提出地球在运动的理论。然而，由于长久以来占据统治地位的“地心说”正好与基督教《圣经》中关于人间、天堂和地狱的说法相符合，所以统治者为了加强自己的统治地位，也更加坚定地支持地心说。

正是在这样的一种背景下，哥白尼勇敢地提出了日心说的理论。虽然他为此遭受了迫害，却从未妥协，始终坚持真理。意大利文艺复兴时期，伟大的自然科学家布鲁诺接过科学的大旗，无所畏惧地捍卫哥白尼的太阳中心说，使其在欧洲发扬光大。为此，他遭到封建统治者的批判和迫害，最终为捍卫真理付出了宝贵的生命。

真理，很多时候掌握在少数人手里。为了使真理发扬光大，这些少数人就要付出代价。就像事例中的哥白尼和布鲁诺，都为了捍卫太阳中心说，付出了很大的代价。最终，科学验证他们说的是正确的。如果他们当时迫于封建统治者的权威，人云亦云，那么真理还不知道要迟到多久呢！

在历史的长河中，很多璀璨的名字之所以能够青史留名，都是因为他们在大多数人的反对下，坚持自己的看法和见解，没有迷信大多数人所说的，才为世界带来了真理。他说的，就一定对吗？我们要坚持自己的所思所想，坚持为探寻真理付出努力！

不要让习惯限制你的创新

曾经有位名人说，思想决定行为，行为形成习惯，习惯决定性格，性格决定命运。由此可以推断，在有正确思想指导和执行力的前提下，习惯决定命运。有科学家经过研究发现，在人一天的行为中，有高达95%的行为是习惯性的，只有5%的行为是非习惯性的。很多时候，养成一个习惯很困难，因为在养成习惯的过程中需要顽强的毅力，但是研究证实，养成一个习惯只需要三周的重复，而形成稳定的习惯只需要三个月。习惯的形成说难也难，说快也快。如此想来，我们应该慎重对待自己的习惯。因为凡事都有利有弊，既然习惯能帮助我们走向成功，也有可能会限制我们的发展。所以，我们应该以辩证唯物的态度分析习惯的优劣，从而扬长避短，最重要的是要避免习惯性行为在不知不觉中限制我们的创新能力。

如果我们在思考问题的时候，始终注意规避墨守成规，注意规避习惯带来的不假思索的行为，那么我们就会养成创新的习惯。这种创新思维一旦养成，让我们能够在第一反应中寻求最合理的策略或者思维，就将会给我们的生活和工作带来莫大的好处。曾经有个动物学家做过一个实验，为我们揭示了惯性的巨大力量。他在一只玻璃量杯里放入了很多跳蚤，刚开始，这些跳蚤很容易就跳出了玻璃量杯。后来，动物学家在量杯上盖了一块玻璃。这块玻璃局限了跳蚤跳跃的高度，每当它们跳到玻璃面的时候，就会被挡住。时间久了，等到动物学家把玻璃面去掉之后，发现跳蚤再也无法跳到量杯外面了，因为它们以为还有玻璃挡着，只会跳跃到玻璃面的高度。这就是惯性的力量，因为惯性，跳蚤忘记了自己原本的高度。这个实验虽然很简单，但却为我们揭示了一个显而易见的道理。生活中，这样的现象非常常见，所以我们要注意调整自己的思路，打破习惯的局限。

很久以前，杰克是个乞丐。他从小就是个孤儿，无父无母，一个人四处流浪，过着食不果腹的生活。有一天，他正蹲在街边乞讨，突然有个衣衫楚楚的律师找到他，对他说："您好，先生，请问您是杰克吗？"杰克木然地点点头。律师继续说："是这样的，我是玛丽的代理律师。玛丽去世了，她委托我找到您，因为您是她唯一的远方侄子。她把所有的遗产都留给了您，一共一千万美元。现在，请您跟我去办理遗产继承手续吧！"杰克以为自己在做梦，拧了拧自己的脸庞，发现很疼。他懵懵懂懂地跟着律师办完了继承手续，依然不相信自己已经变成了千万富翁。

几天之间，乞丐杰克变成千万富翁的消息传遍了小镇。这个时候，无数的媒体记者蜂拥而来，想要采访杰克。抢到提问头彩的第一名记者问杰克："杰克先生，请问您现在一夜暴富，从一个乞丐变成了人人羡慕的千万富翁。那么，您接下来有什么打算呢？"杰克脱口而出："我想去买个好点儿的碗，再买个好点儿的拐杖，我乞讨时候一直用的那个碗都破了，我年纪大了，有一根拐杖，乞讨的时候能走到更远的地方。"

听了杰克的话，记者惊愕得半天没合拢嘴。杰克似乎很久才意识到自己说错了什么，尴尬地笑了笑。

很久很久以前，有个人知道了黑海岸边有“点金石”的秘密。从此，他开始寻找这种能把普通石头变成金子的点金石。据说，点金石看起来和普通石头没什么区别，最大的不同在于，点金石是有温度的，暖暖的，普通石头却是冷冰冰的。他不远万里地来到黑海岸边，每天都在寻找石头。他一块块地把石头捡起来，感受石头的温度。每次，都是冷冰冰的石头，他从开始的感受到后来不假思索地扔掉。

时光过得真快啊，转眼之间，三年过去了，他依然没有找到点金石。但是，他毫不气馁，继续寻找着。时间又过去很久……一天清晨，天还没亮，他捡起一块石头，像往常一样不假思索地扔掉。他甚至没有时间感觉到，那块石头是温热的。未来的日子里，他继续捡起石头，再扔掉。原来，他已经形成了捡起石头马上扔进海里的“习惯”，甚至已经忘记了自己为什么不远万里地来到黑海岸边捡石头。

已然变成千万富翁的杰克想的居然是给自己添置乞讨的装备，继续行走乞讨之路。这就是习惯的力量和对人的禁锢。杰克乞讨了大半生，已经习惯了乞讨的生活。在此之前，他每天的生活就是想着去哪里能讨到吃的，讨到更多的钱赖以为生，所以，即使变成了千万富翁，在短期之内，习惯的力量依然存在于他的身上。捡“点金石”的人的确很执着，但是却把捡石头并且扔掉变成了一种习惯，甚至连自己曾经捡起点金石又扔掉都毫不知情。这样的悲哀，是莫大的悲哀。习惯带着惯性的巨大力量，甚至能让我们忘记初衷，我们不得不说，习惯的力量有的时候是一种可怕的力量。

良好的习惯的确能够帮助我们有序地生活，帮助我们坚持不懈地努力，直到走向成功。然而，生活中也有很多需要改进和创新的时候。所以，我们在利用习惯力量的同时，也要时刻记得打破习惯的禁锢，给自己更大的空间发展。

第9章

让自己内心强大，恐惧和焦虑自然会低头

人最大的敌人是谁？面对这个问题，很多人不约而同地给出了相同的答案，即人最大的敌人是自己。如果一个人能够战胜自己，那么他一定会变得非常强大，无所畏惧。其实，外界的很多困难都不是最可怕的，因为真正的恐惧只来源于我们的内心。只要内心平静安稳，任何人也不能使我们变得恐惧和慌乱。所以，要想战胜恐惧，化解焦虑，首先要做的就是充实自己的内心，让自己内心强大。

战胜自己，才能无往不胜

很多时候，我们觉得恐惧、焦虑、不安，这些负面的情绪和感受，都来自我们的内心。如果我们的内心足够强大，就不会轻易让恐惧占据我们的内心。所以，我们首先要做的是战胜自己。很多时候，我们觉得自己很了解自己，殊不知，我们最熟悉的人是自己，最陌生的人也是自己。苏轼曾近作诗表达自己人在庐山却无法欣赏庐山全景的感慨——“不识庐山真面目，只缘身在此山中。”这句话的道理显而易见，我们之所以说自己是最熟悉的陌生人，是因为我们住在自己的心里，所以无法客观公正地评价自己的内心。甚至有很多时候，我们会发现对自己很陌生，因为我们的内心常常会跳出我们完全不了解的一些想法、做法或者观念。由此可见，要想战胜自己，我们首先要了解自己的内心。

也许有人会说，我觉得我自己很强大，无须战胜自己。或许，你有着很高的职位，或者你有金钱和权势，或者你体格健壮，是个无人能敌的强者，然而，这并不意味着你的内心同样强大。很多人把强大理解为没有人能够战胜的力量，其实，强大更多的时候代表着平静。一个情绪特别容易起波澜的人，不能称之为一个强大的人。举例来说，有个人非常强壮，但是很容易动怒。如果你想打倒他，不用动手，只需要激怒他就可以让他被怒火冲昏头脑。这不叫真正的强大。还有的人心思狭隘，经常因为一些不值一提的小事就郁郁寡欢，生活之于他，似乎就是每天生气生气，再郁闷郁闷。这样的人，权势再高，也不叫强大。古代有些皇帝，贵为天子，动不动就杀戮成性，用武力治理天下，其实他们的内心很空虚，这样的人更不能称之为强大。真正的强者，拥有一颗淡定从容的心，大肚能容天下之事，笑口常开无所忧虑。遇到高兴的事不会得意忘形，遇到为难的事不会一筹莫展，遇到吃亏上当的事可以宽容别人，这才是真正的强者。

1867年，居里夫人出生在波兰。她的家庭非常贫困，也许正是这样贫困的生活铸就了她坚持不懈的顽强毅力。由于家里没有多余的钱供养她，居里夫人在巴黎读书时，生活条件非常简陋，她租住的小阁楼里什么都没有，只能勉强遮风挡雨。为了读书，她在图书馆度过了每一个夜晚。每当冬天到来时，即使她把自己所有的衣服都穿在身上，也还是冻得颤颤巍巍。为了省钱，她每天只吃面包，喝水。即使生活如此艰难，居里夫人依然顽强地学习，从未想过放弃。四年过去了，勤奋好学的她顺利取得物理学和数学硕士学位。

1895年，居里夫人和志同道合的比埃尔·居里组成了家庭。结婚之后，他们的生活依然很贫困。然而，他们并不在意自己的生活，而是携手并肩，开始在科学研究的道路上一起前行。为了找到一种能穿透非透明物体的射线，他们借用了一个阴暗潮湿的木棚。为了节省研究经费，他们不惜走很远的路，去买一种价格相对低廉的沥青矿渣，作为提炼那种射线的原材料。

他们的实验设备非常简陋，但是这丝毫没有影响他们实验的热情。居里夫人每天都穿着肮脏的工作服，拿着木棍搅拌大锅中加热的沥青矿渣。为了节省人力，他们没有助手，居里夫人必须自己搬动四十多斤的容器。在经历无数次失败之后，她也毫不气馁，整整用了四年时间，才从好几吨的原材料里提取出1/10克镭的化合物——氯化镭。这种物质的放射性很强，能够穿透很多物质。氯化镭的问世，让整个世界为之震惊。1903年，居里夫妇获得了诺贝尔奖。

三年之后，比埃尔·居里因为车祸去世了。居里夫人不但失去了挚爱的丈夫，也失去了科学道路上最好的导师。在如此沉重的打击下，她依然振奋精神，继续进行科学研究。时间又过去了好几年，居里夫人终于成功提炼出1克纯镭。她把这宝贵的镭捐献给了法国镭学研究院，很多癌症病人因此获益。1911年，居里夫人再次获得诺贝尔奖。

因为内心的强大，居里夫人一生历经坎坷，在科学研究的道路上吃足了苦头，但是她却从未放弃过，更未妥协过。正是因为她有着坚强无比的内心，她才能为科学事业的发展做出如此卓越的贡献，也才能两次获得诺贝尔奖。

在人生的道路上，不管做什么事情，要想获得成功，我们都应该首先强大自己的内心。唯有如此，我们才能坦然面对不期而至的灾难和苦难，才能一往无前地走下去。

接受自己的不完美，轻松生活

这个世界上有绝对的完美吗？大多数人都认为有，并且以完美为标准去要求很多人、很多事情，当然，也用来要求自己。然而，你真的能够达到完美吗？其实，世界上根本没有绝对的完美，就像任何事情都有利有弊一样，所以，我们常常追求完美而不得。这样的痛苦，使我们开始质疑自己朝夕相处的世界，把自己折磨得苦不堪言。

生活中，有完美情节的人生活得很痛苦。记得很久以前读小学的时候，我记得自己几乎每天都要做的事情就是撕掉作业本的某一页。为什么呢？因为我觉得这一页有字写得不够好看，或者写错了，破坏了作业本整体的完美。结局是什么呢？结局是我的作业本用完时，只剩下封面和封底，偶尔里面会有最后一页作业纸，依然不尽如人意。这就是追求完美的结果。既然完美的东西不存在，那么唯有毁灭，才能让我们追求完美的梦永生。但是，这个方式并不适合成年人的生活。你觉得自己的鼻子长得不好看，或者可以去隆鼻；你觉得自己的眼睛不够大，或许可以割个双眼皮，使其显得大一些；你觉得衣服不好看，可以丢掉重买；但是如果你觉得自己整个人都不够完美，真的没法退货；你觉得自己的人生经历不够完美，真的没法回过头去重写；你高考的题目写错了，交卷之后真的没法再向老师要回来改一改……这就是人生的无奈。对于这些无法重新来过也没有机会弥补的不完美，你怎么办？郁结于心，始终为此闷闷不乐？那么你将会失去更多！

苗苗是个丑小鸭，她总是这样自我嘲讽。为此，苗苗最大的愿望就是赶紧长大，自己挣钱，去把自己变得美一些。大学毕业参加工作后的第一份工资，苗苗很想给在农村辛苦劳作的父母，然而，思来想去，她还是把这份工资拿去做了个双眼皮。她一直觉得自己眼睛太小了，又觉得自己鼻子也不够好看。当然，她最大的心病是自己个子太矮了，又矮又胖。

就这样，苗苗不停地攒钱，省吃俭用，和同事也很少交往。终于又攒了一些钱，她拿去美容院做了隆鼻手术。后来，她开始减肥，尝试各种减肥药，增高药。有一次，因为吃减肥药，拉肚子差点儿虚脱了。折腾来折腾去，虽然小脸儿蜡黄蜡黄的，总算瘦了一点儿。觉得自己改头换面的苗苗，兴奋地买了车票回家，她想让爸爸妈妈看看变漂亮了的自己。然而，打开家门的那一刹那，父母惊愕了。得知苗苗整容了，爸爸气得浑身颤抖，妈妈伤心得一个劲儿哭。苗苗呢，她觉得自己没有错，因此理直气壮地说："为什么你们把我生得这么丑？你们以为我愿意去整容吗？我也很痛苦。其他女孩子，或者身材好，或者长得漂亮，或者很白皙，或者人家家里有钱，有漂亮的衣服可以穿。只有我，我什么也没有。如果我不整容，我连个像样的男朋友都找不到。”听到苗苗的话，妈妈哭得更伤心了。

这时，爸爸语重心长地说：“苗苗，有件事情我们一直没有告诉你，你不是我和你妈亲生的，你是我们从路边捡来的。当时，天已经很晚了，你在襁褓里哭，如果我们不把你捡回家，你就会冻死。为了你，你妈妈一辈子没要自己的孩子。虽然你不那么漂亮，但是在我们心里你是最好的孩子，为你付出一切都是值得的。你去整容，再怎么努力，也不可能变成大明星。为什么不能好好地充实自己，过出个样儿来呢？你整得再好看，又有什么用呢？”

听到爸爸哽咽的诉说，苗苗彻底惊呆了。她居然是一个弃儿，原本是该在寒冷的夜里被冻死的，却在爸爸妈妈的疼爱下幸福地长大成人。她突然间想明白了，她决定不再在乎自己是否是最漂亮的，她只想好好地工作，报答爸爸妈妈的辛苦养育。从此之后，苗苗变得快乐了。每天开开心心地工作，工作之余还学习充电，同事们也都越来越喜欢她。最让苗苗开心的是，单位里一个非常帅的男同事，居然向她表达了爱意，还说自己就喜欢她这样积极乐观开朗的女孩。

没有人能够实现别人眼中的完美，因为众口难调，我们不可能完全洞察别人的内心，逢迎每一个人。所以，我们应该学会接受自己的不完美，当你对自己变得宽容，你也会对别人变得宽容，接受别人的不完美。如此和气友善的人，一定会赢得很多朋友。

人生之中，美好的东西实在太多太多，我们不可能拥有全部。所以，让自己淡然一些吧，因为命运是公平的。上帝在为你关闭一扇门的同时，肯定会为你打开另一扇窗。只要乐观积极，开朗向上，你一定会幸福的，和完美与否无关！

接纳焦虑是化解焦虑的第一步

生活中有一种奇怪的现象，如果你注意观察婴幼儿，就会发现民间有种说法叫“大小脸”，指的是几个月的孩子因为睡觉总是朝着一侧，所以脸庞一边大些，一边小些。虽然差异不是那么大，但是细心的人还是能看出来的。听到这里，你心里一定会想：这个小宝，一定是经常朝着脸小的那一侧睡觉，所以把脸压扁了。其实呢，有经验的人会让他下次睡觉朝着脸小的那一侧睡，因为被压之后，脸小的那一侧会长得大些。这就证实了，受到挤压的那一侧，才是长得比较大的一侧。这说明了一个什么问题呢？用一个不太形象的话来说，就是“哪里有压迫，哪里就有反抗”。听起来很好笑，事实恰恰如此。因为婴儿总是朝着一侧睡觉，所以被挤压的那一侧就会努力地生长。七八十年代的人都知道，那个年代的学龄孩子，常常有肩膀一边高一边低的现象。

这又是为什么呢？那会儿还没有双肩背包，大多数孩子多背着母亲缝制的布袋子装书本。由于总是在一边背，渐渐地，背书袋的那一侧肩膀就会显得高些。这是因为被书袋子压着，那边的肩膀总是不由自主地使劲往上长。这样说来，压制并不能解决问题，反而是放松，才能得到更均衡的发展。

现代社会，生活压力非常大，工作节奏紧张，因此人们常常陷入焦虑之中。焦虑说到底只是一种情绪，在没有达到一定的严重程度之前，完全不能称之为疾病。所以，如果你也陷入了焦虑之中，那么千万不要产生排斥心理。很多人一想到自己焦虑了，恨不得马上把这个包袱从肩膀上甩下来。结果事与愿违，越是他重视焦虑，排斥焦虑，焦虑的程度就越是加重。这也就印证了上文的两个事例。那么，最好的办法是什么呢？要想消除焦虑，首先要做的是从心理上接受焦虑。焦虑只是一种很正常的心理情绪，没有什么大不了的。它就和我们高兴的时候会笑，悲伤的时候会哭一样，烦恼了自然会焦虑。接受焦虑之后，接下来我们要学会和焦虑和谐相处。所谓和谐相处，就是不以焦虑为“苦”。我们既不排斥它，也不否定它，更不与它纠缠和较劲。它在就在吧，你不把它当回事了，日久天长，在你不知不觉的情况下，焦虑就消失得无影无踪了。

一旦你真正接受了焦虑，能够与焦虑友好相处，你就不会再因为小小的焦虑而心烦意乱。那么，你还可以想出很多积极的方法排解焦虑。例如，喜欢看电影的朋友，可以约着爱人、家人或者朋友、同事去看一场心仪已久的电影；喜欢大自然的朋友，可以约上三两知己去郊外郊游；喜欢读书的朋友，不妨泡杯茶，读读书；喜欢大海的朋友，去海边吹吹风，听听浪，也是不错的选择。总之，要选择让你心旷神怡、精神愉悦的事情去做。还有一个最简单直接的办法，就是对着镜子里的自己笑。这种方法听起来可笑，然而，对于心情极度抑郁的人，却能起到立竿见影的效果。当你假装对着镜子里的自己笑时，你会发现心情真的好一点儿了。笑着笑着，你就发自内心地笑了，焦虑自然被赶跑了很多。

前段时间，张明最好的同事李杜突然去世了。李杜很年轻，和张明年纪相仿，四十多岁。对于职场人士来说，这正是黄金年龄，已经到了事业小有成就、生活稳定的阶段。然而，李杜还没有来得及享受这一切，就丢下妻子儿女，离开了人世。李杜死于脑溢血，在猝死之前连续加了三天三夜的班。李杜总是这样，是个典型的工作狂人。看着李杜的妻子哭得肝肠寸断，张明也很伤心。他暗暗告诉自己：工作很重要，身体健康更重要。一旦顶梁柱垮了，家就塌了。

参加完李杜的葬礼一个多月后，张明总觉得自己头晕目眩，心慌气短。他惶惶地想："我不是也生病了吧？"就这样，因为焦虑，他开始失眠。越是失眠，越是想睡觉，越是想睡觉，越是睡不着。看着张明的黑眼圈，妻子纳闷地问："咱们最近没熬夜啊，你怎么会缺少睡眠呢？"张明把自己的感受告诉妻子，妻子说：“不会的，我们还是比较注意劳逸结合的，平日里吃饭也清淡少油。你别胡思乱想了。”妻子的安慰并没有打消张明的顾虑，看着张明还是夜夜失眠，聪明的妻子说：“这样吧，睡不着咱们就起来看电影。如果你担心身体有恙，我就陪你去医院检查一下。”说完，妻子打开家庭影院，陪着张明看电影。果然，一部电影没看完，张明就困得睡着了。看着睡得香甜的张明，妻子打开电脑，预约了一家医院的全套体检。

体检结果很好，张明的身体一切正常，壮得像头牛。又连续几晚看电影，他的失眠也好了。这一切，都要感谢充满智慧的妻子啊！

得知张明失眠，妻子并没有着急，而是气定神闲地打开家庭影院陪着张明看电影。妻子知道，越是排斥失眠，失眠就会越严重。既然睡不着，不如做点喜欢的事情，也是一种收获。得知张明的心病和焦虑的病根之后，妻子马上买了非常全面的体检套餐，打消了张明心里的顾虑。要知道，同龄人的猝然离世，给活着的人带来了巨大的压力。现在的张明在妻子的治疗下，心里毫无郁结，每天都精神抖擞地上班，回家之后陪着妻子儿女享受天伦之乐。

现代社会的生活节奏越来越快，各种压力越来越大。大多数现代人都生活在焦虑之中，对焦虑挥之不去。面对焦虑，有些人采取放纵的态度，任由其愈演愈烈。其实，面对焦虑，我们应该积极地行动起来，找到焦虑的症结，再找些积极的事情做，焦虑就会自然消散了。

你的绝大多数担心都是杞人忧天

生活中，很多人都会未雨绸缪，在事情发生之前进行各种规划，让事情未来进展得更加顺利。这样全面考虑问题，当然是很好的。不过，凡事物极必反。如果一个人面对任何问题的时候都预先设想各种坏情况，那么他就会因为担忧而止步不前。例如，一个人在开公司之前，想到最好的情况，也想到最坏的情况，然后坚定不移地去做，这叫果决。如果一个人在开公司之前总是患得患失，又怕赔本，又怕公司不挣钱，又怕会不会像2008年那样突然来一次金融危机，又怕自己的公司被其他新兴的公司击垮……各种担心，那么，他开公司的梦想永远也不会实现。这样多忧虑并且因为忧虑止步不前的人，就是杞人忧天。要知道，如果总是担心天塌下来，那么在天真正塌下来之前，你就已经因为忧愁和担心崩溃了。与其为那些不太可能发生的事情焦虑担忧，不如把更多的时间和精力用于活好现在。人，定要活在当下，不管你把未来设想得多么美好，或者是多么悲惨，你都永远不可能活在未来。因为等到未来真正到来的时候，也无一例外地变成了现在。

近来，小敏的单位正在裁员。她的单位是国企，已经很多年头了，所以有很多闲散人员。由于单位最近上了新的流水线，所以节省了很大的人力。为此，领导痛下决心，决定裁掉一批人员，轻装从简上阵，适应市场经济的规律。得到这个消息后，小敏担心极了。她问好朋友丽丽："丽丽，你听说要裁员的消息了吗？你说，咱们要是没有工作了，那可怎么办啊？以后，咱们归谁管呢？"丽丽淡然地说："听说了啊，不过，你也别着急，因为着急也没用。要知道，裁员不裁员又不是咱们说了算的。" 小敏还是很担心："现在社会这么复杂，咱们万一被裁员可怎么办啊？想想都可怕。"丽丽说："小敏姐，你就别担心了。你看，你是咱们厂的技术骨干，就算把大家都裁了，也轮不到你啊。我这种半吊子的水平都不担心，你担心什么呢？况且，不管裁不裁的，也不归咱们管。咱们啊，只管干好手里的活，其他的交给领导决定吧。"丽丽的话并没有安慰小敏，小敏一整天脑海里都在徘徊着裁员的事情。

晚上回家，小敏又和丈夫叨唠这件事情，丈夫的说法和丽丽一样，说干好自己的工作就行，其他的担心也是无用。小敏却失眠了，她脑海中翻来覆去地琢磨着万一被裁员，应该做点儿小生意，小买卖。但是思来想去，小敏觉得自己什么生意也做不成。家里怎么生活呢？只靠她丈夫的工资，根本不能养活一家老老小小。想着想着，天亮了，小敏彻夜未眠。就这样，小敏此后几乎没有一天睡好觉的，工作上还因此犯了好几个小错误，被领导批评了。

一个多月后，裁员名单公布了。小敏紧张地看着公告榜，发现没有自己的名字，长长地嘘了口气。然而，丽丽告诉她的事情又让她郁闷了。原来，领导原本准备借着裁员的机会提拔小敏当车间的主任，就因为小敏杞人忧天，睡眠不足，在工作上犯了错误，所以就没有提拔她。

事例中的小敏，就是典型的杞人忧天。对于自己无法操控的事情，担心不能起到任何作用。既然如此，不如踏踏实实做好工作，其他的就兵来将挡，水来土掩吧。但是小敏偏偏放不下，每天茶饭不思，夜不能寐，最终错过了升职的机会。

生活中，很多事情都未必会发生，即使一定会发生，如果不是我们的力量所能控制的，担忧也毫无意义。如此想来，就全心全意地做好自己吧，然后坦然面对一切发生的和即将发生的，就好。

只有自己才能给自己最好的保障

爱情是生活中不可或缺的调味剂，如果没有爱情，一切都会黯然失色。那么，对于爱情，很多人都有着自己的憧憬和渴望。相爱的时候，我们恨不得变成两个泥人，打碎了重新塑造，你中有我，我中有你。然而，爱情的烈焰总是那么快地就会褪去。当爱情不在，两个人要分手的时候，各种理由千奇百怪。当然，其中说得最多的理由是：不能给我安全感。什么叫安全感？在爱情之后，安全感指的是对方能够让我们很放心，爱得投入，而不担心没有回报。爱得热烈，而不担心一朝冷却。那么，爱情的安全感必须由对方给予吗？其实不然。爱情之中，安全感并非只能由对方给予，很大程度上，如果我们足够优秀，能够吸引自己所爱的人，爱情就会长久保鲜。有人曾经说过，花若盛开，清风自来。如果你在爱情中是一朵人见人爱的花，安全感自然也就有了。所以，归根结底，你的安全感来源于你自己。

不仅仅爱情之中的安全感是自己给自己的，在工作中，也是这样。很多人在求职的时候，会考虑到公司的福利待遇、发展前景等，他们忘记了，一旦进入公司，他们就与公司同舟共济，所以公司的发展前景，其实很大程度上取决于他们在工作上的表现。现代职场，每年都有越来越多的应届毕业生大学生涌入，这对于很多老员工来说，也是一种巨大的冲击。在计划经济中，我们的祖辈曾经一份工作世代相传，干完一辈子之后还能传给自己的下一代。现在呢？有几个人能在一家单位工作一辈子。不但你在淘汰公司，公司也在不断地优胜劣汰，说不定哪天就会淘汰到你的头上。要想在社会上生存，就要有一技之长。要想在一个岗位上长久地留下去，就要顺应社会的发展，跟随行业发展的脚步，不断地学习和充电，这样，你的位置才不会被人取代。

很多人抱怨现代的人活着太累，没有任何保障。他们甚至羡慕父辈，可以在一个工作岗位工作一辈子，孩子上学、老人生病，都有单位管。现在呢？一切的一切都要靠自己。其实，现在的模式是更加完善和公平的模式。社会保障体系越来越完善，社会也在给人民解决养老和医疗的问题。只要年轻的时候认真努力地工作，一切就都不是问题。最重要的在于，我们一定要相信命运紧握在我们自己的手中，这样才能奋起把握自己的命运，为自己的人生添砖加瓦，增光添彩。

刘刚曾经在一家规模很大的国企上班。对于单位，他有着无限的忠诚。很多时候，他在家的时间还没有在单位的时间久。他似乎已经把单位当成了自己的家，总是和手下的那帮兄弟泡在工厂的车间里。刘刚常常说，工厂，就是他的家，他的命。

在市场经济搞活几年后，刘刚所在的工厂要大批裁员，刘刚也在裁员之列。刚开始得知这个噩耗的时候，刘刚简直不知所措。他总是问自己："我哪里做错了，为什么工厂要把我裁掉呢？"虽然同事们都劝慰他，说这是改革，不是把大家开除了，刘刚还是想不通。有段时间，他非常消沉，常常喝酒，喝醉了，就去工厂外面的路上走来走去。直到有一天，他的儿子考上了大学，但是家里却拿不出学费，妻子才气愤地骂他："你还算是个男人吗？刚刚下岗的时候，大家看你伤心，说你对工厂感情深。现在你睁开眼看看，人家老李两口子，下岗之后开个小吃店，现在一个月挣得比过去三个月的工资还多。老王两口子，人家天天去市场上卖菜，孩子上大学的学费轻轻松松就拿出来。只有咱们家，儿子考上的大学比谁家孩子都好，你这个窝囊废的爹却拿不出学费来。你再这样下去，咱们全家就要喝西北风了。"刘刚苦恼地喊道："厂子没了啊，再多的钱有什么用？"妻子更生气了，骂道："挣到钱了，你还要厂子干吗？归根结底，咱们不就是为了挣钱过好日子嘛！咱们还活着，有手有脚，四肢健全，脑袋也不傻。凭啥人家都过上好日子，咱家就得喝西北风呢？你还要你这张老脸么，你让以前的同事都怎么看你啊！”

妻子的话如醍醐灌顶，刘刚突然醒悟了。是啊，自己还好好地活着，有手有脚，为什么不能去挣钱养家呢？说到底，工厂曾经给工人的保障，只要自己自谋生路，也可以保障自己啊。工厂不要我了，但是，我不能自己不要自己。归根结底，我要对自己、对家庭和孩子负责。想明白之后，刘刚很快就找到了生计。他在工厂的时候就会修理电器，如今他开了一家家电修理铺，为街坊四邻修理家电，生意非常好。

命运掌握在自己手中，只有我们自己，才能保障自己的生活。认识到这个道理后，刘刚才重新找到人生的方向，或者说是开始了崭新的人生。谁能说，他开家电修理铺的人生没有在工厂里工作的人生好呢？对于人生的每一个改变，与其逃避，拒不接受，不如坦然面对，只有这样，我们才能拥有崭新的机遇，开创人生的新天地。

第10章

不断修正自己，让自己的个性更适合生存

每个人都有自己独特的个性，这样的个性，如果得到成功的衬托，会显得尤为迷人。但是，对于大多数人来说，要想保持个性，是很难的。首先，现实和我们的理想有着不可逾越的差距，很多时候，我们或者保持个性，孤独求败，或者向现实妥协，为自己的生存和发展争取更好的条件。这样的选择，在生活中始终存在。要想达到一定的平衡，我们就只能不断地修正自己，让自己在个性和现实之间找到最佳的平衡点。

做人要有个性，但不要任性

个性与任性，仅仅一字之差，却有着天壤之别。有个性的人，往往性格特征鲜明，有主见，不会轻易妥协，坚持得很有道理，最终说不定还能博得别人的认可，说他是真正的特立独行者。任性呢？肆意妄为，自私固执，油盐不进，刀枪不入……和人性相关的形容词，似乎都带着贬义。那么，我们如何界定个性与任性呢？其实，个性与任性不仅仅在构成上有着一字之差，在生活中的真正表现，却是有着很大不同之处的。

从字面来理解，所谓个性，其实就是不同于共性的独特性格。个性需要聪明与智慧来支撑，在与共性保持特立独行的同时，也能兼顾共性，并且还要靠实力证明自己，最终博得认可。任性呢？不聪明的个性就是任性。任性的人往往有着愚蠢的个性，他们盲目地以为自己是正确的，听不进别人客观的建议，一味地固执己见，最终导致众叛亲离，没有人会欣赏别人的任性。任性的人，相处久了，会使人觉得很累。试想，活着本就艰难，别人可以一次两次地迁就你，次数多了，谁还有那个闲情逸致呢？所以，任性的人往往没有好人缘，也很少有机会像有个性的人那样被冠以可爱的名号。

在现实生活中，很多人混淆了个性和任性。举个最简单的例子，在中国的传统封建文化中，奉行夫为妻纲，父为子纲。现代社会，各种观念都开放了，人们的思想也不再迂腐陈旧，甚至很多地方都已经与国际接轨，因此，对于孩子的教育也不像从前那般呆板。常常看到现在的家长带着孩子出去游玩或者参加公众活动的时候，孩子总是大喊大叫，又蹦又跳，毫无素质。这时，有些家长会解释："哎，现在都提倡培养孩子的动手和创新能力，所以我们也不能把孩子管傻了。就让他们自由一些，发展个性。"请问，这是个性吗？不管再怎么崇尚个性，必要的道德礼仪和对他人的尊重，还是必不可少的。如果把孩子没规矩没教养称之为有创新能力，那么未免是个极大的讽刺。这样的家长，只能教育出任性妄为的孩子，而与个性扯不上丝毫关系。都说教育要从娃娃抓起，如果作为父母都不能正确界定个性和任性，又怎么可能培养出彬彬有礼、个性十足的孩子呢？！

乐乐今年9岁了，是一个非常有个性的孩子。在随着爸爸妈妈工作调动，从北京转学来到南京后，乐乐没少和班主任起冲突。刚开始的时候，虽然妈妈担心乐乐对南京的基础教育能否适应，却没有想到更多的不适应来自观念上的冲突。在北京，乐乐在一家私立学校就读，老师非常尊重孩子的个性，遇到问题往往能和乐乐平等沟通。来到南京后，因为一个班级里的孩子比较多，老师工作繁忙，所以更多地采取了一刀切的方式处理同学之间和师生之间的矛盾。

一天放学后，乐乐闷闷不乐地对妈妈说："妈妈，今天我问了老师三遍，什么时候才会上音乐课，老师都不理我。"妈妈问："为什么不理你呢？是不是老师没听见。"乐乐郁闷地说："不可能没有听见。"谈话正在进行着，妈妈就接到了老师的短信，说乐乐上课听讲不专心。妈妈因势利导，问乐乐："对了，你最近表现怎么样呢？"乐乐不假思索地说："挺好的呀。"妈妈委婉地说："哦，那就好。不管有什么事情，都要保证认真听讲，认真完成作业。"

第二天，妈妈抽空去了学校，找到老师了解乐乐在学校里的表现。通过和老师的沟通，再加上晚上回家之后和乐乐的沟通，妈妈终于弄清楚前因后果。原来，在北京的时候，在没有特殊情况的时候，都是按照课表上课。但是来南京之后，主课老师习惯于把副科占为己有用于复习。在问老师三遍"什么时候上音乐课"都未果的情况下，乐乐同学产生了抵触心理，不再认真听讲，因为那节课原本应该是音乐课。对于这样突发的矛盾，妈妈没有不分青红皂白地指责乐乐，而是把不同城市的教育情况进行了对比，让乐乐知道老师也有苦衷。对于丢失的副课，妈妈会利用节假日的时间带他出去玩，把快乐补回来。

上述事例中，对于乐乐的个性，妈妈在小心翼翼地爱护着。很多时候，大环境如此，我们无法去改变什么，只能尽力弥补。

在成人社会里，也有不少人有乐乐的烦恼。虽然他们在工作上有自己独特的见解和思路，但是因为大多数单位都是统一的管理，所以，个性得到完全尊重是不可能的。不过没关系，我们应该向乐乐妈妈学习，尽量想办法平衡个性和现实的冲突，保持自己的个性，避免任性而为带来的恶劣后果。

一日三省吾身，才能进步神速

人生就如在大海之中航行，面对无边无际的海洋，我们最应该做的就是把握航向。一旦偏离了航向，我们的前进就失去了意义。在每一天的生活和工作中，我们同样应该有明确的目标。为了让我们的努力不偏离目标，我们应该经常反省自己。唯有反省，才能让我们以最快的速度积累经验，成长起来。

关于自省，孔子在《论语》中就曾提出来："吾日三省吾身。"这句话的意思就是，我们每天都应该反省自己的所言所行。常言道，失败是成功之母。即使我们经历再多的失败，如果没有反省和总结经验的过程，这些失败就无法成为我们进步的阶梯。再如，我们每天都要和形形色色的人打交道，一天之中，我们学到了哪些，又有哪些不足。只有认真地思考这些问题，我们才会在太阳再次升起的一天中改进自己，使自己迅速进步。可以说，反省，是我们成长的阶梯。如果不曾反省，就好像一个人，始终在原地踏步，这里碰壁，那里碰壁，最终还是没有取得任何突破。

不仅中国的孔圣人早就提出了反省的重要性，就连国外也有很多名人再三警戒世人，一定要常常反省。法国牧师纳德·兰塞姆去世后，被安葬在圣保罗大教堂。在他的墓碑上，有着一句颇有深意的话，这是他亲手写的："假如时光能够倒流，世界上将有一半的人成为伟人。"一位先哲在解读兰塞姆的这句话时，说："假如每个人都能提前几十年反省自己，至少有一半的人都将变得伟大。"这就是反省的巨大力量。生活中，每个人都在重复着犯错的过程，平庸的人犯错之后，往往不假思索地再次犯错。伟大的人之所以伟大，是因为他们在自己犯下些许错误之后，马上能够反省自身，找到原因，及时改进。

最近，罗兰的进步堪称神速。原来，她的成绩在班级里始终处于中等排名，对此，她妈妈忧心忡忡，因为再有半年就要高考啦。看到妈妈担心的样子，罗兰暗暗下定决心，一定要考上名牌大学，让妈妈笑逐颜开。

半年之后，罗兰的成绩一跃进入班级前十名。老师和同学们都觉得很纳闷，罗兰妈妈虽然高兴，但是也很纳闷。每当别人问罗兰为何进步如此神速时，罗兰总是笑眯眯地说："再不努力就晚喽！"又经过半年的努力，罗兰顺利考入北京师范大学，全家人都高兴得像中了彩票一样。在庆功宴上，弟弟妹妹们开始向罗兰取经，罗兰不好意思地说："其实，方法很简单，我都不好意思说。说了以后，你们就觉得姐姐平淡无奇啦！"

弟弟妹妹们不依不饶，继续追问，罗兰只得告诉他们：“方法就是每天总结。”说完，罗兰拿出了自己上高三时的学习日志。在这本日志上，每天，罗兰都会把自己的点点滴滴的进步和不足都写下来，在第二天督促自己弥补前一天没做好的，激励自己把好的地方发扬光大。这本日志密密麻麻地记录着她还没有牢固掌握的知识点，当然，这些知识点最迟第二天就会被牢牢记住。弟弟看了之后，说：“姐姐，你这是吾日三省吾身啊！”罗兰微微一笑：“其实，真的没什么大不了的吧，只不过效果还不错，所以你们也可以试试。”

“吾日三省吾身”，聪明的罗兰将其用于学习，取得了立竿见影的效果。这件事情做起来虽然很简单，难就难在坚持。其实，这个办法不仅对学习有良好的效果，对于工作以及生活的很多方面，也都有效。

假如我们能在工作中做到每日反省，把自己做得不足的地方写成工作日志，于第二天督促自己改进，那么我们的进步一定会非常快速。当然，伟大的人之所以成功，就是因为他们能够坚持每日三省吾身。你想变得更优秀吗？赶快行动起来吧！

融入环境，才能改变环境

人是群居动物，每个人都不可能独立存在。即使离群索居，我们也要依赖身边的环境。从宽泛的角度来说，环境有两种，一种是自然环境，一种是社会环境。大自然的鬼斧神工我们无数次在灾难中领教过，所以，现代人已经开始重视怎样与大自然和谐相处，互利共赢，而不再盲目地改造大自然。

和自然环境相比，社会环境显然更加复杂。作为群居动物，每个人都无法脱离社会环境而生活。社会环境有很多因素，对于职场人士而言，工作环境、同事之间的人际关系、领导的工作风格，都属于社会环境的范畴。在生活中，各种各样复杂的人际关系，和亲朋好友如何相处，外在的客观条件等，也都属于社会环境的范畴。很多时候，我们要想做成一件事情，仅仅有自身的努力是远远不够的。古人云，天时地利人和。所谓的社会环境，就是指天时地利人和。古人又云，谋事在人，成事在天，其实也是在阐述各种因素综合作用的结果。成功，绝不是一件简单的事情，它离不开环境的成就。所以，现代人说是忙工作忙生活，其实就是在忙着与环境融合。一个人，即使能力再强，如果与环境格格不入，也是不可能成功的。人们常说自已在大自然的鬼斧神工面前是沧海一粟，其实，在社会大环境面前，人依然弱小得可怜。我们无力与环境对抗，要想如愿以偿地获得成功，就要融入环境，进而改变环境。

来到这座陌生的城市之后，妈妈最担心的是融入问题。首先，地域上的一南一北，使得他们接触的人群整体的性格完全不同。妈妈除了担心爸爸工作上能否适应之外，还很担心娇娇能否尽快熟悉新的学校，适应完全不同的教学风格，喜欢新的老师和同学。果不其然，开学一个月之后，一天放学，娇娇愁眉苦脸地问妈妈："妈妈，为什么我们要搬到这里来呢？之前的家不是很好吗？"妈妈苦口婆心地对娇娇说："娇娇，爸爸妈妈搬到这里安家，就是为了你啊。在上海，我们没有户口，未来你高考的时候，会受到不公正的待遇。我们来这里，只要买了房子，就可以落下户口，你和本地所有的孩子一样都是平等的。"听了妈妈的话，娇娇似乎有些体谅爸爸妈妈了，但是，她接着又问了一句："那你们为什么不在我读一年级的时候就搬家呢？现在学的东西，很多我都没有学过，但是其他同学一年级的时候就学过了。还有，老师说普通话一点儿都不标准。"听了娇娇的话，妈妈忧心忡忡。让二年级的孩子适应一个完全陌生的城市，再适应陌生的学校、同学和老师，还有不同的教学模式，真的是够为难她的。

转眼之间，一个学期过去了。在这几个月的时间里，娇娇的适应能力远远超出了妈妈的预料。期末考试成绩出来后，娇娇居然是三好学生。妈妈知道，在以成绩论英雄的学校，三好学生的获得意味着娇娇的学习能力得到了老师的认可。再看看娇娇的人际关系吧，这是最让妈妈自豪的。娇娇有很多立体图书，所以她把这些书带到学校，在学校开办了一个"私人图书馆”。所有同学都可以来借书，而且是不计报酬的。当然，娇娇收获了很多好朋友，还为自己在这些好朋友之中树立了威信。这让爸爸妈妈无比欣慰。

刚刚上二年级的娇娇，对于环境的融入能力是非常强的。她很聪明，不但很快就把因为教材差异而产生的差距补足了，而且还想出办法，为自己结交了很多好朋友。当然，因为她的无私和友好，朋友们都很信服她。

娇娇尚且如此，我们有什么做不到的呢？在进入一个陌生的环境时，如果你也能像娇娇一样表现出自己超强的能力，收获良好的人际关系，那么即使这个环境并非你完全喜欢的，你也有足够的威信号召大家按照你的思路行事。日久天长，环境一定会发生改变。

尝试，是检测自己的最好方式

婴儿还没有睁开眼睛，就开始噘着小嘴四处寻找母亲的乳头，一次又一次，毫不气馁；几个月的婴儿开始练习翻身，谁也不知道他吭吭唧唧地努力了多久，才终于翻了过来；学走路的宝宝常常摔倒，不疼，就站起来继续走，疼，就哭几声，然后站起来继续走；还没有学会走的孩子，就已经想奔跑了，不是磕到这里，就是磕到那里；学说话，一次次地发音，从模糊不清到渐渐清晰，期间的努力，只有宝宝知道……然而，人类的脚步从未停止。人类的一生是不断尝试的一生，小时候用无数次尝试学会了最基本的语言和技能。长大后，为了生存，我们依然要不停地尝试。

尝试，是检测自己的最好方式。当我们犹豫不决的时候，我们要告诉自己：尝试，或许成功，或许失败；不尝试，百分之百失败。看看那些成功的人，他们成功的历程就是尝试，尝试，再尝试。在这个世界上，一蹴而就的成功是没有的。每个人的成功，都经过最卑微的努力，才能获得最璀璨的光芒。要知道，天上从来不会无缘无故地掉馅饼。也许我们努力了很多次都没有成功，但是只要我们从失败中汲取经验和教训，把失败变成成功的阶梯，我们最终一定会成功。在人类历史上，无数科学家为了造福于万代，坚持不懈地进行科学研究，他们是这个世界上为了成功尝试次数最多的人。尽管其中有些科学家至死也没有完成研究项目，但是他们从未放弃过努力，始终在坚持尝试。

如今，走遍中国的大中小城市，随处可见肯德基。肯德基老爷爷笑眯眯地看着我们，似乎很满意现在有这么多人爱吃他创造的美食。在肯德基家喻户晓的今天，也许有人不知道，肯德基爷爷经历了1009次失败，直到第1010次，才获得成功。他说：一次成功就够了。

肯德基爷爷很小的时候就失去了父亲，家里一贫如洗。

为了维持生计，母亲外出打工，肯德基爷爷留在家里照顾小妹妹，还学会了做饭。后来，母亲改嫁，肯德基爷爷经常遭受继父的痛打。无奈之下，14岁的他开始四处流浪。自此，肯德基爷爷开始了艰难的生活。期间，他从军、当工人、卖保险，学法律，还被新婚几个月的妻子夺走了所有的财产，历经艰险。32岁那年，他失业了，人生坠入低谷，厄运接踵而来。直到65岁，他经营良好的餐馆又因为政府征地被拆了。肯德基爷爷又一次破产了。

66岁开始，肯德基爷爷开始推销自己的炸鸡技术，历时22年，期间即使命运再怎么坎坷，生活再怎么艰难，他都没有放弃过。直到88岁高龄，肯德基爷爷终于成功了，他的名字举世皆知。对于自己的一生，肯德基爷爷说，人们经常抱怨天气不好，其实并非天气不好。只要自己保持乐观和自信，就一直都是晴天。

时至今日，肯德基依然在世界范围内成为备受欢迎的美食，肯德基爷爷笑眯眯地看着进门的客人，这是对他今生1009次尝试最伟大的回报。

肯德基爷爷的成功，我们望尘莫及。虽然我们很难获得和他一样的成功，但我们却可以借鉴他成功的经验。要知道，失败的原因多种多样，成功的道理大抵相同。那就是尝试、坚持，不放弃，即使失败1009次，也要鼓起勇气尝试第1010次。

其实，世界上有才华的人有很多，但是真正能够功成名就的人却很少。究其原因，就是因为大多数人总是犹豫不决，不敢尝试，因此错失了成功的机遇。古人说："少小不努力，老大徒伤悲。"在人生的道路上，一旦遇到合适的契机，哪怕成功的机会很小，我们也应该投入百分之百的努力，因为只有尝试，才会给我们带来成功的可能。尝试，是成功的必经之路。除了坚持尝试，成功没有其他的捷径。

真诚，永远是人际交往的法宝

每个人都希望得到别人的真诚相待。然而，人心是一面镜子。你怎么对待别人，别人就会怎么对待你。孔圣人曾经说："己所不欲，勿施于人。"反过来也是同样的道理，你想从别人那里得到的，首先也应该施予别人。对此，孟子说，"爱人者人恒爱之，敬人者人恒敬之。"所以，如果想得到别人的真诚对待，我们自己必须足够真诚。

在人际交往中，真诚是具有神奇魔力的灵丹妙药。很多时候，人与人之间的心扉很难打开，而真诚是唯一的钥匙。现代社会，人际关系越来越复杂，尤其是很多居心叵测的人骗术高明，所以大多数人都对身边的人心存戒备。在这样的大环境之中，要想与人交心，更是困难。但是我们要相信，只要我们足够真诚，对方就一定会被感动，最终投桃报李，回报我们以真诚。

真诚的人不会计较自己的得失。说到真诚，很多人会担心：如果我对别人真诚，别人对我却不真诚，那我岂不是吃亏了吗？换个角度来想，你在真诚付出的同时，自己的心灵也得到了升华，又怎能用简单的吃亏二字概括得失呢？人之初，性本善。我们要相信，在生活中，大多数人的心地还是非常善良的，虽然有着防人之心，但是却没有害人之心。所以，我们只要用真诚打开他们的心扉，就会得到和我们同样真诚的朋友。

官渡大战之后，曹操战胜了刘备。刘备战败，不得不去投靠刘表。为了得到刘备的谋士徐庶，曹操以徐庶的母亲病重为由，让徐庶去了许都。临行前，徐庶知道自己有去无回，因此让刘备去卧龙岗找诸葛亮，并且说诸葛亮能辅佐刘备得天下。

第二天，刘备和关羽、张飞，带着厚礼去卧龙岗拜访诸葛亮。不巧，诸葛亮出游，家里只有一个小书童。刘备悻悻而归。几天之后，天上下着鹅毛大雪，刘备求才心切，再次和关羽、张飞一起去卧龙岗拜访诸葛亮。走进茅屋，看到一个年轻人正在读书，刘备赶紧上前行礼。然而，这个年轻人是诸葛亮的弟弟，诸葛亮去与朋友小聚，刘备再次失望而归。这次，他留下一封信，表达了自己想请诸葛亮出山，辅佐他平定天下的请求。

转眼之间，新年到了。刘备这次特意挑选了一个黄道吉日，再次来到卧龙岗登门拜访诸葛亮。这次，诸葛亮在家，正好睡觉。为了表示诚意，刘备一个人站在台阶下等候，关羽和张飞则在门外候着。诸葛亮这一觉睡了很久，等刘备醒来刘备赶紧上前行礼，请教诸葛亮如何才能平定天下。诸葛亮为刘备分析天下大势，鞭辟入里，让刘备心服口服。诸葛亮答应了刘备的请求，决定出山辅佐刘备。

刘备为了请诸葛亮，三顾茅庐，尽显诚意，所以才能如愿以偿地请出诸葛亮，帮助他成就大业。这就是真诚的力量。如果刘备摆出一副居高临下的架子，命令诸葛亮帮他，恐怕很难如愿。

虽然我们不是刘备，也没有大业需要诸葛亮辅佐，不过在生活中，真诚的确能够帮助我们很多。一个真诚的人，别人很难拒绝。我们的真诚一定要发自内心，这样才会让别人真切地感受到。记住，只要你真诚，你的身边一定不会缺少朋友。只要你真诚，即使是千年寒冰，也会被你融化。真诚，如煦暖的春风，吹散人们心头的积雪；真诚，如清凉的晚风，驱走人们心中的郁结；真诚，就像春雨一般能够孕育世间最美丽的花朵；真诚，如灵丹妙药，帮助你化解困境，走入坦途。

参考文献

[1]李卓.谁的青春不迷茫[M].北京：中信出版社，2012.

[2]张小川.青春不荒芜，人生不迷茫[M].北京：中国华侨出版社，2015.

[3]黄志坚.大学毕业了，该干什么[M].长春：东北师范大学出版社，2011.

[4]王晶.你的青春可以不迷茫:马云给年轻人的人生忠告[M].南昌：江西教育出版社，2014.